Die souveräne Expertin – 77 Tipps für die verbale Wissenschaftskommunikation

T0254030

Volker Hahn

Die souveräne Expertin – 77 Tipps für die verbale Wissenschaftskommunikation

Springer

Volker Hahn
Leipzig, Sachsen, Deutschland

ISBN 978-3-662-61722-9   ISBN 978-3-662-61723-6   (eBook)
https://doi.org/10.1007/978-3-662-61723-6

Die Deutsche Nationalbibliothek verzeichnet diese Publikation in der Deutschen Nationalbibliografie; detaillierte bibliografische Daten sind im Internet über http://dnb.d-nb.de abrufbar.

Einbandabbildung: © Adobe Stock/OneLineMan.com
Zeichnungen: Claudia Styrsky, München

Planung/Lektorat: Sarah Koch
Springer ist ein Imprint der eingetragenen Gesellschaft Springer-Verlag GmbH, DE und ist ein Teil von Springer Nature.
Die Anschrift der Gesellschaft ist: Heidelberger Platz 3, 14197 Berlin, Germany

Für Ebba und Gerhard. Ohne sie hätte dieses Buch aus vielen Gründen nie entstehen können.

Geleitwort

Kommunikation von Wissenschaftskommunikation – das ist kurzgefasst das Anliegen des vorliegenden Buches. Oder genauer gesagt des kompakten Büchleins! Und das zeigt schon, um was es bei Wissenschaftskommunikation geht: Dinge kurz und knackig auf den Punkt zu bringen. Dies versuche ich auch mit diesem Geleitwort – wobei ich mich sehr geehrt fühle, dass der Autor mich um selbiges gebeten hat.

Nun ist Wissenschaftskommunikation nicht mein ursprüngliches Metier (= Fachgebiet). Ich komme aus der ökologischen – genauer: entomologischen Forschung. Entomologie ist die Insektenkunde. Und hiermit wird gleich ein weiteres Prinzip umgesetzt: die Verwendung verständlicher Sprache. Auch wenn Wissenschaftler*innen stolz sind auf ihre exakt definierten Fachtermini (= Fachbegriffe), schafft deren Verwendung zugleich Distanz zu den Adressat*innen. Für manche Zeitgenoss*innen mag dies auch das Ziel sein. Doch wenn ich wirklich kommunizieren will, gilt es, solche Barrieren abzubauen. Also: Es war nicht mein Fachgebiet, aber da ich das Bestreben hatte (und habe), von meinem Wissen etwas an die Gesellschaft zurückzugeben, kam ich nicht umhin, mich einzuarbeiten. Ich bin gewissermaßen ein Amateur, der sich in weitgehend autodidaktischer Weise (ach so, autodidaktisch heißt so viel wie „sich selbst beigebracht") die Kenntnisse angeeignet hat bzw. durch das regelmäßige „Coming out" zur Erfahrung gezwungen worden ist. Dabei habe ich auch gelernt, wie vielfältig Kommunikation sein kann. Und ich musste erfahren, dass der zeitliche Aufwand dafür eigentlich nie überschätzt werden kann.

Man muss sich nach einer Orientierungsphase schon überlegen, ob einem das liegt und ob man das machen möchte – aber man sammelt zügig die entsprechende Erfahrung, um das einzuschätzen. Es ist auf alle Fälle wichtig, sich stets gut informiert zu präsentieren und sich auf eine gewisse Vielfalt an Fragen einzustellen. Eine intensive Vor- wie auch Nachbereitung ist essenziell. Und wenn ich für all diese Aktivitäten das vorliegende Büchlein schon frühzeitig in Händen hätte halten können, hätte ich mir sehr viel Zeit sparen können. Oder mit anderen Worten: Das zu bezahlende Lehrgeld hätte sich drastisch reduziert. Das Büchlein von Volker Hahn ist Gold bzw. Geld wert – sowohl die Anschaffung als auch die Lektüre zahlen sich vielfach aus!

Aber warum denke ich, dass das vorliegende Werk, das sich ja primär um verbale bzw. mündliche Wissenschafts-kommunikation dreht, so wertvoll ist?

Lassen Sie mich das am Beispiel des Globalen Assessment-Berichts des Weltbiodiversitätsrates IPBES erläutern, den zu leiten ich gemeinsam mit zwei (beim Start) Kollegen und (jetzt) Freunden die Ehre hatte. Wir hatten uns mit einem Team von 150 Kernautor*innen drei Jahre lang abgemüht, das globale Wissen zum Thema Artenvielfalt und Ökosystemleistungen aufzuarbeiten. Der Auftrag solcher Berichte ist, politikrelevant zu sein, ohne sich der Versuchung hinzugeben, Politik vorzuschreiben. Das ist eine kleine, aber wesentliche Unterscheidung, die übrigens genauso für die Berichte des Weltklimarats IPCC gilt. Die Kernaussagen mündeten in einer Zusammenfassung für Entscheidungsträger*innen (Summary for Policymakers – SPM). Diese hat einen Umfang von 40 Seiten und wurde in einer IPBES-Plenarversammlung Wort für Wort als Konsensformulierung verabschiedet.

Nun könnte man meinen, damit hätte sich die Arbeit erledigt (und ich dachte das naiverweise auch mal). Aber weit gefehlt! Die Kernergebnisse wurden in einer sehr gut orchestrierten PR-Kampagne verkündet und weckten großes Medieninteresse. Natürlich war es möglich, bei der Medienarbeit auf das verabschiedete Schriftstück zurückzugreifen, doch ist das alleine für eine spannende Story noch viel zu dröge. Um die Geschichte lebhaft zu erzählen und spannend zu machen, ist es viel besser, das mit Originaltönen von Menschen und bewegten Bildern zu kombinieren. Ist das Interesse einmal geweckt, muss man für Fragen der Journalist*innen bereitstehen. Dafür legt man sich auf alle Fälle einige Kernaussagen zurecht (idealerweise solche, die bereits in einer Presseerklärung gemacht wurden) und hat die eine oder andere Hintergrundstory parat. Diese kann man mit etwas Geschick fast immer anbringen – wenn z. B. ein Interview etwas länger dauert oder wenn man zu einem Vortrag eingeladen wird. Dies gilt nicht nur, wenn das Dokument in der betreffenden Sprache gar nicht vorliegt, sondern generell.

Trotzdem war es nützlich, nach wenigen Tagen auch eine deutsche Broschüre mit den wichtigsten Inhalten zu haben. Diese wurde z. B. bei einem parlamentarischen

Frühstück im Bundestag gerne von den Abgeordneten mitgenommen. Um aber die wichtigsten Informationen „unters Volk" zu bringen, sind Schriftstücke zwar ein guter Aufreißer bzw. gutes Hintergrundmaterial … aber letztlich lebt ein solcher Transferprozess vom persönlichen Auftritt.

Dieser sollte immer auf die Zuhörerschaft abgestimmt sein. Inhaltlich muss man auf alle Fälle Spezifika für das jeweilige Auditorium mit „im Gepäck haben" und beim Vortrag oder Interview den entsprechenden „Koffer auch aufmachen" (sonst hat man das Gepäck ja vergeblich dabei). So hatte ich 2019 und 2020 Auftritte im Bundestag, bei Landwirtschaftsverbänden, der Jägerschaft, Naturschutzorganisationen, politischen Parteien (Bundes-, Landes- und Ortsebene), Fridays for Future, Neujahrsempfängen, der Bundespressekonferenz, Minister*innen, Staatschefs etc.

Wenn man das Glück hat (und ich empfinde es als solches), dies alles machen zu dürfen, ist man irgendwann so weit, dass man sich das Einmaleins der Wissenschaftskommunikation durch *learning by doing* erarbeitet hat. Hätte ich aber das vorliegende Büchlein früher in Händen gehalten, wäre sicherlich vieles von Anfang an besser gelaufen.

Ich wünsche dem Autor viel Zuspruch und hoffe, dass das Buch die Wissenschaftskommunikation weiter voranbringt. Möge es die vielen Kolleg*innen, die sich noch unsicher sind, ermutigen, sich in das Haifischbecken (das es keineswegs immer ist) zu wagen.

Halle an der Saale   Josef Settele
23. Mai 2020

Prof. Dr. Josef Settele arbeitet beim Helmholtz-Zentrum für Umweltforschung (UFZ), ist Mitglied des Deutschen Zentrums für integrative Biodiversitätsforschung (iDiv) und lehrt an der Martin-Luther-Universität in Halle/Saale. Der Ökologe ist zudem Co-Chair des viel beachteten Globalen Assessment-Berichts des Weltbiodiversitätsrates IPBES. Nicht nur in dieser Rolle kommuniziert Settele intensiv mit den Medien und unterschiedlichen Interessengruppen.

Vorwort

Stellen Sie sich vor, Sie treffen Ihren Nachbarn am Gartenzaun und er fragt Sie: „Was machen Sie da eigentlich an Ihrem Institut?" Ob es Ihnen gefällt oder nicht – Sie müssen jetzt ein paar Entscheidungen treffen: Worüber wollen Sie sprechen – bei den tausend Dingen, die Sie an Ihrem Institut machen? Wie erzählen Sie das, ohne zu langweilen? Wie erklären Sie verständlich und am besten so einprägsam, dass es Ihr Nachbar am Abend noch seiner Tochter weitererzählt? Und wie setzen Sie das Ganze rhetorisch und körpersprachlich um?

Ob Zaungespräch mit dem Nachbarn, Vortrag bei der Langen Nacht der Wissenschaften oder das Interview mit dem Zeitungsredakteur – als Wissenschaftlerin geben Sie Ihre Expertise an Laien meistens persönlich und mündlich weiter. Deshalb ist verbale Wissenschaftskommunikation die wichtigste Form der Wissenschaftskommunikation.

Das Thema Wissenschaftskommunikation hat in den vergangenen Jahren erheblich an Bedeutung gewonnen.

Die Verbreitung postfaktischer Wahrheiten, gezielter Fehlinformationen, kruder Verschwörungstheorien und das beharrliche Ignorieren wissenschaftlicher Evidenz brauchen Gegengewichte. Die Corona-Krise hat uns eindrücklich vor Augen geführt, wie wichtig gute Wissenschaft und gute Wissenschaftskommunikation für unsere Gesellschaft sind. Gleichzeitig steckt der Qualitätsjournalismus in der Krise und kann seine Aufgabe – leider! – nicht voll erfüllen. Diese Lücke müssen zunehmend kommunizierende Wissenschaftlerinnen füllen – also Sie! Ob sich das für Sie persönlich auszahlt, vermag ich nicht zu sagen. Es wird wohl noch ein paar Jahre dauern, bis exzellente Wissenschaftskommunikation auch handfeste Karrierevorteile bringt. Dennoch gibt es genügend Gründe, sich zu engagieren (Tipp 1).

Wenn Sie das wollen – wovon ich ausgehe, denn Sie haben dieses Buch gekauft – möchte ich Sie dabei unterstützen. Mit 77 kurzen und voneinander unabhängigen Praxis-Tipps. Weil der Fokus auf der mündlichen Kommunikation liegt, finden Sie keine Tipps, die ausschließlich das Schriftliche betreffen. Umgekehrt sind jedoch viele der abgedruckten Tipps auch in der schriftlichen Wissenschaftskommunikation von Nutzen. Wo sinnvoll und möglich, habe ich inspirierende Beispiele aus der Praxis hinzugefügt – Beispiele von souverän kommunizierenden Expertinnen aus den Naturwissenschaften, den Sozialwissenschaften und den Geisteswissenschaften.

Entscheidend ist, dass Sie es nicht beim Lesen belassen. Setzen Sie einen Teil der Tipps um. Kommunizieren Sie die Expertise, die Sie auszeichnet – ob im Austausch mit dem Journalisten, mit den Schülern, die Ihr Institut besuchen, oder eben mit dem Nachbarn am Gartenzaun. Für diese wichtige und verantwortungsvolle Aufgabe wünsche ich Ihnen viel Erfolg.

Volker Hahn

Wenn Sie nur wenig Zeit haben ...

... dann lesen Sie die aus meiner Sicht wichtigsten Tipps:

- ▸ Tipp 12
- ▸ Tipp 14
- ▸ Tipp 32
- ▸ Tipp 35
- ▸ Tipp 49

Hinweis zu den Symbolen

Neben jedem Tipp sehen Sie ein, zwei oder drei Symbole. Diese zeigen Ihnen an, für welche Bereiche der jeweilige Tipp gilt:

 : Tipp relevant für Interviews

 : Tipp relevant für Vorträge

 : Tipp relevant für Gespräche

Hinweis zur Sprache

In meinen Texten sind alle Menschen, die forschen oder früher geforscht haben, weiblich – also „Forscherinnen", „Wissenschaftlerinnen", „Expertinnen" oder „Kommunikatorinnen". Alle anderen Menschen sind Männer. In der realen Welt ist das natürlich nicht so. Eigentlich meine ich immer alle denkbaren Geschlechter, möchte aber im Sinne des Buches kurz und leicht verständlich formulieren.

Wenn ich von spezifischen männlichen Vertretern der forschenden Zunft spreche, dann bleiben diese natürlich „Forscher", „Wissenschaftler" usw.

Im Übrigen wende ich mich mit diesem Buch auch an alle Expertinnen und Experten, die nicht aus der Wissenschaft kommen.

Inhaltsverzeichnis

1

Gründe und Gelegenheiten für verbale Wissenschaftskommunikation

Tipp 1: Warum überhaupt Wissenschaft kommunizieren?

Vermutlich muss ich Sie nicht mehr überzeugen, dass Wissenschaftskommunikation wichtig ist. Dennoch ist es sinnvoll, sich die eigene Motivation bewusst zu machen. Denn wenn Sie wissen, *warum* Sie kommunizieren wollen, können Sie besser Prioritäten setzen und klare Ziele verfolgen (Tipp 3). Es gibt viele persönliche Gründe, Wissenschaft zu kommunizieren – eine Auswahl:

© Der/die Herausgeber bzw. der/die Autor(en), exklusiv lizenziert durch Springer-Verlag GmbH, DE, ein Teil von Springer Nature 2020
V. Hahn, *Die souveräne Expertin – 77 Tipps für die verbale Wissenschaftskommunikation*,
https://doi.org/10.1007/978-3-662-61723-6_1

- Ein Journalist hat mich darum gebeten.
- Meine Chefin erwartet das von mir.
- Die Kollegen in der Pressestelle erwarten das von mir.
- Ich will meinen Arbeitgeber unterstützen.
- Ich will meine *soft skills* schulen.
- Ich denke, das hilft meiner Karriere.
- Ich bin sehr fotogen.
- Ich rede gerne.
- Es ist wichtig, dass die Menschen von meiner Forschung wissen.
- Ich will etwas in der Gesellschaft verändern.
- *Scientific literacy* ist wichtig.
- Der Steuerzahler hat ein Recht, von meiner Arbeit zu erfahren.
- Ich will die Wissenschaft fördern.
- Ich bin verpflichtet, im Rahmen meines Forschungsförderprogramms zu kommunizieren.

Daneben gibt es zahlreiche weitere egoistische und altruistische Motive. Viele Forscherinnen haben in Worte gefasst, warum sie ihre Wissenschaft kommunizieren und warum sie das für wichtig halten. Die nachfolgenden Zitate geben einige dieser Sichtweisen wieder.

Was andere dazu sagen
Der Astrophysiker und Schriftsteller Carl Sagan betont, dass Offenheit und Mitteilungsfreude grundsätzlich zum Wesen der Wissenschaft gehören. In seinem Buch *The Demon-Haunted World* schreibt er: „Ich lehne die Vorstellung ab, dass die Wissenschaft von Natur aus verschlossen ist. Ihre Kultur und ihr Ethos sind – und das aus gutem Grund – kollektiv, kooperativ und kommunikativ." (eigene Übersetzung) [1]

Für Stephen Hawking – ebenfalls Astrophysiker und Schriftsteller – stehen Wissenschaftlerinnen in der Pflicht, sich öffentlich zu äußern und klar Stellung zu beziehen – gegenüber Bürgern und Politik. In seinem Hörbuch *Kurze Antworten auf große Fragen* sagt er: „Wissenschaftler haben eine besondere Verantwortung dafür, die Öffentlichkeit zu informieren und die politischen Führungspersönlichkeiten hinsichtlich der Gefahren zu beraten, vor denen die Menschheit steht. Als Naturwissenschaftler kennen wir die Gefahren von Atomwaffen und ihre verheerenden Auswirkungen. Wir haben studiert, wie menschliche Aktivitäten und Technologien die Klimasysteme in einer Art und Weise angreifen, die das Leben auf Erden auf Dauer verändern kann. Als Weltbürger haben wir die Pflicht, dieses Wissen nicht für uns zu behalten, sondern die Öffentlichkeit auf die unnötigen Risiken hinzuweisen, mit denen wir täglich leben." [2]

Im ersten Editorial der 2017 neu erschienenen Zeitschrift *Nature Ecology and Evolution* heißt es ganz ähnlich: „Unsere Forschung sollte tief in der Weltanschauung von Politikern und Öffentlichkeit eingebettet sein, nicht nur als optionaler Zusatz, den man ohne wesentliche Konsequenzen ablehnen kann. Der dramatische Verlust an biologischer Vielfalt, die Beschleunigung des Klimawandels und der Anstieg nicht behandelbarer Infektionskrankheiten sollten den Hintergrund bilden für die meisten politischen Gespräche und nichts sein, das sich auf einen Wissenschafts- und Umweltbunker beschränkt. Wir Wissenschaftler müssen auch in die Denkweise derer eintauchen, die keine Forscher sind, die unsere Arbeit finanzieren und deren Leben sie verändert." (eigene Übersetzung) [3]

Bürger und Laien finanzieren nicht nur Forschung, sondern sind oft selbst Forschungsobjekte. Diesen Aspekt thematisiert die Soziologin und Communicator-Preisträgerin Jutta Allmendinger. Sie erklärt im Gespräch mit *Wissenschaftskommunikation.de*: „Wissenschaftskommunikation ist auch deshalb von so großer Bedeutung für uns, weil die Menschen für unsere Forschung wichtig sind, wir brauchen sie für unsere Befragungen, damit wir Informationen über ihr Leben und ihre Einstellungen sammeln können. Die Gesellschaft hilft uns also bei unserer Arbeit. Allein deshalb ist es für uns selbstverständlich, die Ergebnisse auch wieder an die Gesellschaft zurückzugeben und sie zu erklären." [4]

Der Historiker Yuval Noah Harari meint, dass Wissenschaftlerinnen gerade in Zeiten von Fake News und postfaktischen Wahrheiten proaktiv kommunizieren sollten. Er sagt in seinem Hörbuch *21 Lektionen für das 21. Jahrhundert*: „Wissenschaftler müssen sich ihrerseits stärker in aktuellen öffentlichen Debatten engagieren. Sie sollten keine Angst haben, sich zu Wort zu melden, wenn die Debatte ihr Fachgebiet berührt, ob das nun die Medizin oder die Geschichtswissenschaft ist. Schweigen bedeutet nicht Neutralität; es stärkt den Status quo. Natürlich ist es äußerst wichtig, weiter akademische Forschung zu betreiben und die Ergebnisse in wissenschaftlichen Zeitschriften, die lediglich ein paar Fachleute lesen, zu veröffentlichen. Aber gleichermaßen wichtig ist es, die neuesten wissenschaftlichen Theorien einem allgemeinen Publikum zu vermitteln, durch populäre Wissenschaftsbücher und sogar durch die gekonnte Verwendung von Kunst und Fiktion." [5]

Der Virologe Christian Drosten hat während der Coronakrise intensiv via Massenmedien und Social Media mit der Öffentlichkeit kommuniziert. Er weiß, wie wichtig Wissenschaftskommunikation ist, sieht aber auch Schattenseiten und Risiken. Im Interview mit dem *NDR* sagt er: „Es gibt kein Erfolgsmaß in der Wissenschaft in Form von Podcasts oder Twitter-Followern. Im Gegenteil, für einen Wissenschaftler ist es gefährlich. Es kann wirklich karriereschädigend sein, sich zu sehr in die Öffentlichkeit zu begeben. Denn in der Öffentlichkeit muss man simplifizieren und muss Dinge vereinfachen. Das steht einem Wissenschaftler eigentlich nicht gut. Ich mache das jetzt aber mal trotzdem, weil ich mich genau in diesem engen Forschungsfeld seit so langer Zeit schon bewege, dass ich weiß, dass ich frei und weitgehend ohne Fehler über das weitere Themenumfeld dieses Problems sprechen kann. Sonst würde ich das sowieso nicht tun, wenn ich mich nicht wirklich exakt in diesem Thema so sicher fühlen würde, in dem Thema epidemische Coronaviren. Ich würde mich noch nicht mal trauen, das im Bereich Influenza in dieser Intensität zu machen." [6]

Auch der Chemiker Jos Lelieveld sieht Vor- und Nachteile im Engagement für die Wissenschafts-kommunikation. Er selbst hat sich 2019 an der öffentlichen Debatte um Stickoxide und Feinstaub beteiligt. Im Interview mit *mpg.de* sagt er: „Wenn wir mit dem, was wir machen, Aussagen treffen können, die für die Gesellschaft und die Gesundheit der Menschen wichtig sind, wäre es doch unverantwortlich, nichts zu sagen. Das wäre zwar bequem, denn ich finde es nicht leicht, mich da aus dem Fenster zu lehnen und den Dis-kussionen auszusetzen. Aber ich finde, wir haben als Wissenschaftler die Pflicht, gesellschaftlich relevante Erkenntnisse zu teilen und zu erklären, und uns den Dis-kussionen zu stellen." [7]

Die Biochemikerin Emmanuelle Charpentier hat die sog. CRISPR-Cas9-Methode („Genschere") mitent-wickelt. Nicht nur diese revolutionäre Methode steht seit 2012 im Fokus des Medieninteresses, sondern auch sie selbst. Emmanuelle Charpentier sagt dazu im Interview mit dem *Tagesspiegel:* „Ich bin nicht Wissenschaftlerin geworden, um mit den Medien zu sprechen. Aber mit der Zeit habe ich verstanden, dass ich das tun muss. Zum einen, um zu erklären, dass die Crispr-Cas9-Geschichte in großen Teilen eine europäische ist, auch wenn sie erst in Zusammenarbeit mit amerikanischen Forschern zum Erfolg geführt hat. Zum anderen ist Crispr ein gutes Beispiel dafür, wie wichtig Grundlagenforschung für den Fortschritt in der Biotechnologie und der Medizin ist und dass auch in kleineren Forschungsgruppen an weniger bekannten Forschungseinrichtungen interessante und wichtige Dinge erforscht werden." [8]

Eine wichtige Motivation für viele Wissenschaftlerinnen ist sicher die Freude an ihrem Fach und der Wunsch, andere daran teilhaben zu lassen. Die Chemikerin Mai Thi Nguyen-Kim sagt im Vorwort ihres Hörbuches *Komisch, alles chemisch!*: „Doch vor allem möchte ich, dass ihr mit diesem Buch der Chemie einmal ganz tief in die Augen seht und ihrem unwiderstehlichen Reiz erliegt. Und wenn mich mein Glaube an die Menschheit und ihre Neugier nicht trügt, dann werdet ihr nach der Lektüre dieses Buches nicht nur einsehen, dass Chemie wirklich alles ist (komisch!), sondern vielleicht sogar zugeben, wie wunderschön diese Wissenschaft ist." [9]

Ganz ähnlich sieht es der Wissenschaftler und Communicator-Preisträger Albrecht Beutelspacher in Bezug auf sein eigenes Forschungsfeld, die Mathematik. Im Interview sagt er: „Wir finden einfach die Mathematik so wunderbar und möchten, dass auch andere davon etwas mitbekommen." [10]

Tipp 2: Lohnt sich der Aufwand?

Wenn das Fernsehen kommt, können mehrere Stunden Ihrer Arbeitszeit draufgehen. Das Team einer TV-Sendung wie *nano* (3sat) ist ein oder zwei Tage vor Ort – je nach den zu filmenden Inhalten. Das Interview mit Ihnen dauert 45 min, aber im Bild zu sehen sind später nur zwei 30-Sekunden-Statements. Wenn die *Tagesschau* kommt, wird das gesendete Statement kaum länger als 20 s sein. Lohnt sich der ganze Aufwand für die paar Sekunden?

Das ist eine Frage der Perspektive: Wie lange arbeiten Sie an einer Fachpublikation? Wie viele *peers* schauen sich mehr als den Abstract und die erste Abbildung an? Wenn Sie in der *Tagesschau* sind, schauen zehn Mio. Menschen zu, bei *nano* ein paar Hunderttausend. Und wenn es gut läuft, versteht und erinnert das Publikum Ihre Kernaussagen. Aber ich gebe zu, dass für die Karriere als Wissenschaftlerin das nächste *paper* vermutlich wichtiger ist. Trotzdem: Die folgenden Zitate zeigen, dass auch die eigene wissenschaftliche Arbeit von der Interaktion mit Medien und Öffentlichkeit profitieren kann.

Was andere dazu sagen
Der Hirnforscher und Communicator-Preisträger Wolf Singer erzählt im Interview mit *dfg.de*, dass es ihm zunächst darum ging, über Tierversuche in seiner Forschung aufzuklären – bevor andere Gründe hinzukamen: „Dabei bemerkte ich, dass es bei vielen Menschen ein ungeheures Interesse an der Hirnforschung gibt, wenn

auch oft nur ein geringes Wissen. Auf jeden meiner Vorträge und Aufsätze hin erhalte ich viele Nachfragen, und es entwickeln sich ausführliche Korrespondenzen – die Menschen wollen wissen, was Hirnforschung ist und was sie zutage fördert. Daraus ergab sich eine positive Rückkopplungsschleife. Nicht zuletzt zwang dies auch dazu, die eigene Arbeit und ihre Relevanz immer wieder zu reflektieren. Zudem ärgerte es mich gelegentlich, dass selbst gebildete Menschen so wenig über die Naturwissenschaften wissen." [11]

Auch die Kunsthistorikerin Bénédicte Savoy erhält beim Austausch mit der Öffentlichkeit wertvolles Feedback für ihre Arbeit. Im Interview mit dem *DFG Magazin* sagt sie: „Meiner Meinung nach gehört es zu den Hauptaufgaben einer Wissenschaftlerin, die Ergebnisse der Forschung auch einem breiteren Publikum bekannt zu machen. Und mit diesem Publikum zu diskutieren. Aus den Diskussionen ergibt sich oft eine Art Stimmungsbild darüber, was bekannt und was nicht bekannt ist. Und da es mir in meiner Arbeit sehr wichtig ist, Vergessenes wieder präsent zu machen, möchte ich im Austausch mit der Zivilgesellschaft, mit verschiedenen Gruppen und auch Schülern zu erproben, was angekommen ist. Und Fragen zu klären." [12]

Die Soziologin und Communicator-Preisträgerin Jutta Allmendinger sieht hingegen wenig handfeste Vorteile für kommunizierende Wissenschaftlerinnen. Sie sagt im Interview mit *Wissenschaftskommunikation.de,* dass Wissenschaftskommunikation insbesondere von jungen Forscherinnen Mut erfordert, denn: „Engagement in der Wissenschaftskommunikation zählt bisher überhaupt nicht zu den Kriterien für eine wissenschaftliche Karriere. Kommunikation braucht Zeit. Vor allem dann, wenn sie sich an ein nicht-akademisches Publikum wendet. Aber es ist ein riesiges Geschenk, das die Forscherinnen und Forscher der Gesellschaft machen. Ein notwendiges Geschenk, aber eben auch eines, für das es bislang keine Belohnung gibt. Man erhält dafür keine entfristeten Stellen und wird auch nicht befördert." [4]

„In der Wissenschaft erhält derjenige Anerkennung, der die Welt überzeugt, nicht derjenige, der zuerst die Idee hatte." (eigene Übersetzung) Sir Francis Darwin (1848–1925), Botaniker [13].

Kanäle und Gelegenheiten

Fernseh-, Radio-, Zeitungs-, Online-Interview, Talkshow, Podiumsdiskussion, Schulbesuch, Führung, Zitate in einer Pressemitteilung, Science Media Center, YouTube, Twitter, Facebook, Instagram, TikTok, Hörbuch, Vortrag, Lange Nacht der Wissenschaften, Ring-a-Scientist, Science-Slam, FameLab, Elevator pitch, Pint of Science, TEDx, Science Notes, Website-Video, Video-Blog, Podcast, Latest Thinking, Video-Abstract, Studium Generale, Kinderuni, Kaffeekränzchen … sind alles Kanäle und Gelegenheiten, die Sie nutzen können für Ihre verbale Wissenschafts-kommunikation.

„Kleine Gelegenheiten sind häufig der Anfang großer Unternehmen."
Demosthenes (384–322 v. Chr.) zugeschrieben[1], griechischer Redner

---

[1]Für dieses Zitat konnte ich keine Primärquelle finden.

2

Vor dem Auftritt: Strategie, Taktik und Vorbereitung

Tipp 3: Strategie

Jedes Unternehmen sollte sie haben, jede Universität und jede Forschungseinrichtung: eine Kommunikationsstrategie. Und auch Sie als Einzelperson. Sie müssen nicht unbedingt ein Schriftstück erstellen, aber ein paar Fragen sollten Sie grundsätzlich für sich beantworten können:

- Warum will ich kommunizieren? Was ist meine Motivation? (Karriere fördern, der Gesellschaft etwas zurückgeben, Handlungen oder Entscheidungen beeinflussen, die Welt verbessern …) (Tipp 1)

V. Hahn, *Die souveräne Expertin – 77 Tipps für die verbale Wissenschaftskommunikation*, https://doi.org/10.1007/978-3-662-61723-6_2

- Welche Ziele will ich damit erreichen? (Förderer sollen meine Qualitäten erkennen, Öffentlichkeit soll Wissenschaft besser verstehen *(scientific literacy),* Entscheider sollen Handlungsoptionen kennen …)
- Welche Zielgruppen will ich erreichen? (Förderer, Öffentlichkeit, Entscheider …)
- Zu welchen Themen will ich kommunizieren? (Ergebnisse meiner Arbeit, mein gesamtes Forschungsgebiet, wie Wissenschaft funktioniert …)
- Welche Botschaften sollen bei meiner Zielgruppe ankommen? Was soll das Zielpublikum denken? („interessante Forschungsergebnisse", „dringender Handlungsbedarf", „fähige Wissenschaftlerin" …)
- Welche Kommunikationskanäle will ich nutzen? (Medieninterviews, Vorträge, Gespräche, Twitter, YouTube, Website, Blog …)
- Mit wem kann ich kooperieren? (Kolleginnen, Pressestelle, Journalisten, Blogger …)
- In welchem Stil will ich kommunizieren? (seriös, tiefschürfend, kurzweilig, humorvoll …)

Ihre Entscheidungen zu den oben genannten Punkten beeinflussen sich zum einen gegenseitig und beeinflussen zum anderen, wie Sie die Tipps in diesem Buch umsetzen: Je nach Ziel definieren Sie andere Kernbotschaften (Tipp 4), je nach Kommunikationskanal haben Sie mehr oder weniger Zeit fürs Storytelling (Tipp 52), je nach Stil zeigen Sie andere Emotionen (Tipp 54) usw.

> „Die Strategie ist eine Ökonomie der Kräfte."
> Carl Philipp Gottlieb von Clausewitz (1780–1831) zugeschrieben[1], preußischer General, Militärtheoretiker und Schriftsteller

---

[1]Für dieses Zitat konnte ich keine Primärquelle finden.

Tipp 4: Kernbotschaften definieren

Mal ehrlich: Wie viel von dem, was wir lesen, sehen und hören, bleibt hängen? Denken Sie an die Medienberichte, denen Sie zuletzt begegnet sind: An wie viele Aussagen und Informationen erinnern Sie sich wirklich?

Umgekehrt ist es genauso: Wir überschätzen, was sich andere merken können. Deshalb gilt für jeden Ihrer Auftritte: Definieren Sie Ihre Kernbotschaften. Das, was Ihnen wichtig ist. Das, was in Ihrem Interesse liegt. Das, was Ihr Publikum interessiert. Das, was hängen bleiben soll. Machen Sie sich klar, was Sie wollen – bevor Ihre Rede, Ihr Interview, Ihr Auftritt beginnt.

> „Sich allen Abend ernstlich zu befragen was man an dem Tage Neues gelernt hat."
> Georg Christoph Lichtenberg (1742–1799), Naturforscher
> [14]

Tipp 5: Auswahl der Kernbotschaften

Ihre Kernbotschaft kann lauten: „Die Schadstoffbelastung in Europa hat zugenommen." Oder: „Die Schadstoffbelastung fällt im globalen Vergleich gering aus." Beide

Aussagen könnten stimmen und Ergebnisse ein und derselben Studie sein – aber die Botschaft ist eine ganz andere. Es liegt also eine große Verantwortung bei Ihnen, welche Botschaft(en) Sie in den Vordergrund stellen (und auch, wie Sie diese formulieren (Tipp 34)).

Schon beim Schreiben der wissenschaftlichen Publikation ist es so, denn auch hier gewichten Sie verschiedene Aspekte – vor allem in Überschrift, Zusammenfassung und Diskussion. Allerdings gibt es im Review-Prozess noch den *peer*, der mit kritischem Auge Einfluss nimmt. Wenn Sie dagegen einen öffentlichen Vortrag halten, bestimmen und gewichten Sie allein Ihre Aussagen.

Sollten Sie mit einem guten Wissenschaftsjournalisten sprechen, dann respektieren Sie seine Aufgabe, seinerseits neu zu gewichten und einzuordnen; die von Ihnen gewählte Kernbotschaft kann dann zur Nebensache werden (Tipp 14).

Tipp 6: Die meisten Journalisten sind okay

Natürlich können Sie ein Interview ablehnen. Ich kenne z. B. Wissenschaftlerinnen, die der Bild-Zeitung keine Interviews geben wollen. Andere halten gerade die Boulevardmedien für besonders wichtig. Aus gutem Grund: Denn erstens erreichen sie viele Menschen und zweitens geht Wissenschaft nicht nur die akademische Elite etwas an, sondern alle Menschen. Leser und Zuschauer mit geringerer Bildung abzuschreiben, kann jedenfalls nicht die Lösung sein.

Und natürlich treffen Sie auch bei den Boulevard-medien auf verschiedene Typen: gute und schlechte Journalisten, gewissenhafte und schlampige. Letztlich sind Sie auch bei den sog. Qualitätsmedien nicht gegen schlechte Ergebnisse gefeit.

Meine Erfahrung ist: Die meisten Journalisten sind okay. Berichterstattung in einem Massenmedium birgt immer die Chance, viele Menschen zu erreichen. Es kann schiefgehen. Aber wenn Sie Ihre Kernbotschaften parat haben (Tipp 4), wenn Sie gut vorbereitet sind (Tipp 15), und wenn Sie gut mit dem Journalisten zusammenarbeiten (Tipp 12), dann erhöhen Sie die Chancen auf eine gute und faire Berichterstattung. Lesen Sie zu diesem Thema auch das Interview mit Maria Voigt.

Vorschlag: Wenn Sie ein gutes Thema haben, dann gehen Sie doch proaktiv auf ein Massenmedium Ihrer Wahl zu. Bitten Sie Ihre Presseabteilung um Unter-stützung.

Was andere dazu sagen

Der Chemiker Jos Lelieveld hat sich 2019 an der politisierten Debatte zum Thema Luftverschmutzung (Stickoxide und Feinstaub) beteiligt. Dabei hat er sowohl positive als auch negative Erfahrungen gesammelt. Ent-sprechend differenziert äußert er sich im Interview: „Es gibt zwar Populisten und sogar einen Verkehrsminister, der Kurzschlüsse zieht, und natürlich auch die Bildzeitung mit der Feinstaublüge, was unakzeptabel ist. Aber es gibt hier eine öffentliche Debatte und eine Akademie, die sich damit beschäftigt, und es gibt auch viele Qualitätsmedien, die verstehen wollen, was die Wissenschaft macht, und kritische Fragen stellen." [7]

> „Ich wünschte Sie zu überzeugen, daß auch ein Journalist bedauern kann, Unwahres geschrieben zu haben."
> Gustav Freytag (1816–1895), Schriftsteller und Historiker [15]

Tipp 7: Auftritt ablehnen

Grundsätzlich sollten Sie Gelegenheiten nutzen, Ihre Wissenschaft zu kommunizieren. Wenn Sie wegen eines Interviews oder einer Talkshow angefragt werden, kann es jedoch in Einzelfällen sinnvoll sein abzulehnen. Zum Beispiel weil es um ein brisantes Thema geht, in dem Ihre Forschung selbst in der Kritik steht. Oder weil Sie das begründete Gefühl haben, dass man Sie nicht fair behandeln wird. Oder weil eine Diskussionsrunde paritätisch besetzt werden soll, obwohl die wissenschaftliche Evidenz klar gegen eine Seite spricht (z. B. Klimawandelleugner oder Impfgegner). In solchen Fällen bedarf es gründlicher Vorgespräche, um die Absichten des Journalisten bzw. Ihre voraussichtliche Position realistisch einschätzen zu können. Ich empfehle, dass Sie sich mit den Mitarbeitern Ihrer Pressestelle beraten. (Wie Sie grundsätzlich mit Ihrer Pressestelle kooperieren können, lesen Sie im Interview mit Carsten Heckmann in diesem Buch).

Tipp 8: Repertoire von 20-Sekunden-Statements

„Was ist Ihr Forschungsthema?", „Was machen Sie konkret?", „Warum ist das wichtig?" Für jede dieser Fragen sollten Sie ein 20-Sekunden-Statement immer parat haben. Journalisten lieben knackige Antworten und in 20 Sekunden lässt sich einiges sagen. Es ist die typische Statement-Länge in den Fernsehnachrichten und eine gute Grundlage für mehr, falls Sie dafür Zeit bekommen (was oftmals der Fall ist). Etwa 20 Sekunden haben Sie für diesen Absatz gebraucht.

Wulf Schmiese, Redaktionsleiter des *heute journals,* erklärt den Sinn von 20-Sekunden-Antworten so: „Das ist die Spanne, die die Leute inhaltlich leicht aufnehmen können. Wir denken heute in 140-Zeichen-Rhythmen. Deshalb sollte für jeden Redner gelten: Nimm die Zuhörer ernst!" Den vollständigen Wortlaut finden Sie im Interview mit Dr. Wulf Schmiese.

Wie andere das machen

Der Astrophysiker Ben Moore erklärt im *ZEIT*-Interview mit Stefan Klein, warum er Leben auf anderen Planeten vermutet – gut verständlich in nur 20 s:

Stefan Klein: „Und was lässt Sie hoffen, auf manchen dieser Planeten sei Leben entstanden?"

Ben Moore: „Moleküle ziehen einander an. Eben dadurch bilden sich Planeten – aber auch Strukturen, die sich selbst vervielfältigen können. Und mehr braucht es nicht, um das Leben in Gang zu bringen: Strukturen, die sich selbst vermehren und dabei Information an die nächste Generation weitergeben. Bei uns sind solche Strukturen entstanden. Warum also nicht in anderen Welten?" [16]

Der Bio-Psychologe und Communicator-Preisträger Onur Güntürkün bringt sein Forschungsthema im Interview mit *dfg.de* in 20 s leicht verständlich auf den Punkt:

dfg.de: „Herr Güntürkün, woran forschen Sie?"

Onur Güntürkün: „Man könnte es so formulieren: Unser Denken entsteht im Gehirn und es entsteht durch die Aktivität von Milliarden von Nervenzellen. Wie diese Milliarden von Nervenzellen durch ihre Aktivität unser Denken erzeugen, das ist die zentrale Frage, die ich als biologischer Psychologe beantworten möchte. Im Kern versuche ich also zu verstehen, wie das Denken im Gehirn entsteht." Güntürkün hätte das noch kürzer formulieren können, aber eine höhere Informationsdichte wäre auf Kosten der Verständlichkeit gegangen (Tipp 46 und Tipp 47) [17].

Die Kunsthistorikerin Bénédicte Savoy braucht etwa 40 s, um ihr Forschungsthema *und* seine Relevanz zu erklären:

DFG Magazin: „Frau Prof. Savoy, womit beschäftigen Sie sich in Ihrer Forschung – und warum halten Sie das Thema für wichtig?"

Bénédicte Savoy: „Ich beschäftige mich in meiner Forschung mit Kunstwerken aus Afrika, die in Zeiten, in denen die Machtverhältnisse zwischen Weltregionen unsymmetrisch waren, hin und her geschoben wurden. Entweder wurden sie gewaltsam entwendet oder bei armen Menschen gekauft. Und dieses Hin und Her von Kunstwerken – oftmals auch ohne Rückkehr – das ist es, was mich beschäftigt. Und es ist deswegen wichtig, weil genau diese Kunstwerke in unseren Museen zu sehen sind und wir in vielen Fällen vergessen haben, woher sie eigentlich kommen. Daran zu erinnern, scheint mir extrem wichtig." [12]

Der Politologe Dierk Borstel ist gut vorbereitet, als er im Interview mit *tagesschau.de* eine für ihn erwartbare Frage in 20 s beantwortet:

Tagesschau.de: „Reichen die Maßnahmen der Bundesregierung aus, um Rechtsextremismus wirkungsvoll zu bekämpfen?"

Dierk Borstel: „Nein, das reicht natürlich nicht. Es sind einzelne Mosaiksteinchen, die mir sinnvoll erscheinen. Aber es ist auch viel dabei, was ich als symbolhaft bezeichnen würde. Und vor allem fehlen mir auch ganz zentrale Elemente. Es ist der Versuch, mit reiner Repression auf die zunehmende Radikalisierung zu reagieren. Dabei wissen wir seit sehr langer Zeit, dass das in der Form nicht funktionieren wird." [18]

Ein weiteres Beispiel ist die 20-Sekunden-Antwort des Ingenieurwissenschaftlers Michael Sterner auf die Frage nach E-Fuels in Tipp 36.

Tipp 9: Immer parat

Neben den 20-s-Statements (Tipp 8) ist es nützlich, folgende Dinge immer parat zu haben:

- Visitenkarte
- Porträt-Foto (digital, mit allen Nutzungsrechten)
- Fotos von Ihrer Arbeit und von Ihnen bei der Arbeit (digital, mit allen Nutzungsrechten)
- kurzes CV (digital und/oder ausgedruckt)

Selbstunterschätzung

Manche Wissenschaftlerinnen trauen sich einen Auftritt vor laufender Kamera zwar zu, halten sich aber nicht für sonderlich geeignet. Sie seien zu verkrampft, zu steif oder zu ernst, sagen sie. Dieses Selbstbild tragen sie mit sich herum, bis sie es tatsächlich einmal ausprobieren – zum Beispiel in einem Interview-Training mit Videoaufzeichnung. Dann stellen sie fest: So schlecht komme ich gar nicht rüber. Die übrigen Teilnehmerinnen bestätigen dies. Wie ist es bei Ihnen?

Tipp 10: Fragen erfragen

Der Journalist möchte, dass Sie möglichst spontan und natürlich sprechen. Auf keinen Fall sollen Sie auswendig Gelerntes aufsagen. Einerseits. Andererseits möchte er, dass Sie die Dinge auf den Punkt bringen. Für Letzteres ist es hilfreich, wenn Sie sich vorbereiten, für Ersteres ist es hinderlich.

Entsprechend unterschiedlich reagiert der Journalist, wenn Sie ihn vorab um die vorgesehenen Fragen bitten. Versuchen Sie es einfach. Und seien Sie nicht enttäuscht, wenn er die genauen Fragen für sich behält (vielleicht weiß er sie selbst noch nicht). Sie können zumindest versuchen, die Inhalte einzugrenzen. Oder Sie schlagen eigene Fragen vor. Erfragen Sie auch, wie umfangreich der Bericht oder die Statements werden sollen und welche Form der Beitrag haben soll. All das hilft Ihnen bei der Vorbereitung (Tipp 15).

Am Ende können immer auch unerwartete Fragen kommen. Denn im Idealfall entwickelt sich das Interview zu einem echten Gespräch zwischen zwei Menschen. Und da fallen dem Journalisten Fragen ein, an die er zuvor selbst nicht gedacht hat.

Es kann aber auch umgekehrt passieren, dass Ihnen der Journalist nicht nur die Fragen nennt, sondern schon im Vorfeld sämtliche Antworten inhaltlich kennen und absprechen möchte. Das hängt vom Format und vom Journalisten ab. Manche arbeiten mit detaillierten Drehbüchern (z. B. bei einer aufwendigen Dokumentation), andere sind spontaner (z. B. bei einer Reportage).

Tipp 11: Um Zeit bitten

Vorbereiten bedeutet auch, um Aufschub zu bitten, wenn ein Journalist Sie anruft und sofort loslegen will. Sagen Sie ihm, dass Sie in zehn Minuten zurückrufen. Das ist in der Regel kein Problem.

Tipp 12: Den Journalisten überzeugen

In meinen Medientrainings[2] zeige ich oft ein Stück aus der *Tagesschau* – einen Hintergrundbericht, in dem es um Erdbebenforschung geht [19]. Die Botschaft, die beim Zuschauer hängen bleibt: Viele Steuergelder fließen in die Erdbebenforschung und trotzdem können die Wissenschaftlerinnen Erdbeben noch immer nicht präzise voraussagen. Diese Botschaft ist streng genommen nicht falsch, aber aus Sicht der Forscherinnen höchst ärgerlich. Denn die Botschaft hätte ebenso korrekt lauten können: Wissenschaftlerinnen arbeiten auf Hochtouren daran, Erdbeben besser zu verstehen, um diese in Zukunft vorhersagen zu können.

---

[2]Diese mache ich gemeinsam mit meinem Kollegen Carsten Heckmann, einem erfahrenen Journalisten, der seit Ende 2012 als Pressesprecher an der Universität Leipzig arbeitet.

Dass die Quintessenz des Berichts aus Sicht der Forscherinnen negativ ist, liegt nicht am Statement des interviewten Wissenschaftlers (in diesem geht es um Details tektonischer Plattenbewegungen). Es ist der vom Journalisten verfasste Sprechertext, der die negative Interpretation nahelegt.[3]

Es sollte Ihnen bewusst sein, welche Macht der Journalist hat: durch Auswahl der Interview-Ausschnitte, durch den Schnitt und durch das Formulieren des Sprechertextes. Deshalb reicht es nicht aus, ein gutes Interview zu „absolvieren". Sie müssen den Journalisten für sich gewinnen: Er sollte Ihre Hauptaussagen verstanden haben und seinerseits überzeugt sein. Deshalb ist der inhaltliche Austausch und respektvolle Umgang mit dem Journalisten von Anfang an entscheidend. Geben Sie Ihr Bestes, um nicht nur das „End-Publikum" mit einem starken Statement zu überzeugen, sondern überzeugen Sie auch den Journalisten. Das gilt natürlich umso mehr beim reinen Hintergrundgespräch, das selbst niemals veröffentlicht wird. Wichtig ist, dass Sie Ihre Kernbotschaften klar und beieinander haben.

---

[3]Der *Tagesschau*-Bericht ist 71 s lang; davon spricht der Journalist 51 s, der Wissenschaftler 20 s – immerhin 28 % der Gesamtlänge. In Berichten der Printmedien ist der Zitate-Anteil oft geringer. In einem *ZEIT*-Bericht über den Biologen Josef Settele und das „Insektensterben" machen Zitate gerade einmal 6 % des Textes aus – trotz der porträtartigen Form [20]. Durch die persönliche Interaktion mit dem Journalisten hat Settele aber gewiss auch den restlichen Text beeinflusst.

Tipp 13: Off the record

Stellen Sie sich vor, Sie unterhalten sich mit einem Journalisten. Die Kamera ist aus und dann fällt Ihnen etwas ein, das ihn interessieren könnte, das aber auf keinen Fall mit Ihnen in Verbindung gebracht werden soll. Was machen Sie? Sie könnten es erzählen und den Journalisten um Verschwiegenheit bitten – *off the record* sozusagen oder „Unter drei", wie es im Journalistenjargon heißt.

Aber können Sie ganz sicher sein, dass die Information die vier Wände nicht verlassen wird? Wie gut kennen Sie den Journalisten und wie sehr können Sie ihm vertrauen? Welche Vorteile hat es überhaupt, die Information weiterzugeben? Welche Risiken? Sie müssen das gegeneinander abwägen – und im Zweifel behalten Sie die Information lieber für sich.

Tipp 14: Randaspekte aussparen, Kernbotschaften wiederholen

Sie reden 45 min lang ausführlich mit dem Journalisten und im Bericht beschränkt sich dieser auf einen Randaspekt. Viele Wissenschaftlerinnen machen diese Erfahrung und sind frustriert. Wie lässt sich so etwas vermeiden?

Reden Sie nicht über Randaspekte. Reden Sie über Ihre Kernbotschaften. Wiederholen Sie diese, wo immer es passt. Im Idealfall sind Ihre Kernbotschaften erstens neu, zweitens relevant und drittens interessant (aus Sicht des Publikums natürlich). Diese drei Kriterien entscheiden, welchen Nachrichtenwert eine Information hat. Wenn mehrere dieser Kriterien erfüllt sind, haben Sie gute Karten, dass sich der Journalist auf das für Sie Wesentliche stürzt. Vollständig kontrollieren können Sie das aber nicht.

...UND WIEDER FÄLLT EINE KERNBOTSCHAFT HINTEN RUNTER. DIE RANDASPEKTE MACHEN DAS RENNEN!

Sie können es auch halten wie manche Politiker: Völlig egal, was der Journalist fragt – Sie bringen nur Ihre Kernbotschaft. So viel Chuzpe birgt die Gefahr, dass Sie es sich mit dem Journalisten verscherzen. Es ist zudem respektlos gegenüber dem Journalisten und seiner wichtigen Rolle in einer pluralistischen Gesellschaft. (Sie können aber durchaus ein wenig an der gestellten Frage vorbei antworten – gute Beispiele finden Sie in Tipp 24 und in Tipp 26.)

Eine alternative Methode, die gleichzeitig Struktur gibt und das Erinnern erleichtert: Fassen Sie am Ende einer Erzähleinheit das Wesentliche (Ihre Kernbotschaften) noch einmal in wenigen Worten zusammen (Tipp 58).

Wie andere das machen

Die Medizinhistorikerin Anna Bergmann kritisiert im Interview mit dem *Deutschlandfunk* den Umgang mit sog. Hirntoten. Ihre Kernbotschaft wiederholt sie im Verlauf des Gesprächs gleich mehrfach in unterschiedlichen Varianten. Die Chancen stehen gut, dass sich die Zuhörer an Anna Bergmanns Kernbotschaft erinnern werden:

„Die Hirntot-Definition hat die Todesdefinition vorverlegt und behauptet eben, dass es sich nicht mehr um einen sterbenden, sondern bereits um einen toten Menschen handelt, wenn die Gehirnfunktion ausgefallen ist …

(später:) … Ich ziehe das Wort eines „hirnsterbenden Menschen" vor …

(später:) … Also hier wird eine Todesvorstellung suggeriert, die so auf jeden Fall falsch ist …

(später:) … Aber ein Sterbender ist noch nicht tot, ganz einfach …

(später:) … Diese Todesdefinition ist auf alle Fälle von vorneherein historisch eine instrumentalisierte Todesdefinition, die exklusiv für die Bedürfnisse der Transplantationsmedizin zugeschnitten wurde." [21]

Der Virologe Christian Drosten wurde während der Coronavirus-Krise zu einer Art Popstar seriöser Wissenschaftskommunikation. In Talkshows, Interviews und Podcasts hat er sich zu vielen Aspekten der Thematik geäußert. Im Gespräch mit dem *NDR* betont er die Notwendigkeit, wichtige Botschaften zu wiederholen (in diesem Fall den Ruf nach frühen Vorsorgemaßnahmen): „Sie sehen ja, dass ich auch versuche, immer wieder das Gespräch auf dieses Thema zu lenken, weil ich es im

Moment einfach für ganz wichtig halte, dass über die Medien diese Aufmerksamkeit transportiert wird, und zwar möglichst auch ohne Aufregung und ohne Schuldzuweisungen. Also um es noch mal klar zu sagen: Es ist der Politik hier im Moment kein Vorwurf zu machen. Die Politik [...] braucht sicherlich ein paar Tage dafür. Aber ich bin da ganz zuversichtlich, dass da auch dann etwas kommen wird, was helfen wird [...] Damit die Verbreitung der Infektion jetzt verlangsamt wird – und zwar jetzt!" [22]

Dr. Mai hatte sich vorgenommen, Tipp 14 diesmal besonders konsequent umzusetzen.

„Sag nicht alles, was du weißt, aber wisse immer, was du sagst."
Matthias Claudius (1740–1815) zugeschrieben[4], Journalist und Dichter

---

[4]Für dieses Zitat konnte ich keine Primärquelle finden.

„Merk Otto Brahms Spruch: Wat jestrichen is, kann nich durchfalln."
Kurt Tucholsky alias Peter Panter (1890–1935), Journalist und Schriftsteller [23]

Tipp 15: Vorbereiten

Gute Vorbereitung ist extrem wichtig – insbesondere, wenn Sie über neue Inhalte sprechen müssen oder wenig Erfahrung haben. Zu einer guten Vorbereitung gehört:

- Erfragen oder Erahnen der wichtigsten Fragen (Tipp 10, Tipp 36, Tipp 37). Eine Frage, mit der Sie immer rechnen müssen: „Wozu ist Ihre Arbeit wichtig?" (Tipp 8). Erstaunlich viele Wissenschaftlerinnen tun sich schwer, darauf überzeugend zu antworten.
- Definieren Sie Ihre Kernbotschaften. Bauen Sie diese in Ihre Antworten ein, wo immer es geht (Tipp 14).
- Informieren Sie sich über das Medium, den Journalisten, das journalistische Format und den Stil (Tipp 39). Lesen Sie frühere Artikel bzw. hören oder schauen Sie vergangene Sendungen.

- Bereiten Sie sich bei einer Diskussionsrunde auf die anderen Teilnehmer vor – insbesondere auf jene, die voraussichtlich konträre Positionen vertreten werden.
- Üben Sie (Tipp 16).

„Der Weise ist auf alle Ereignisse vorbereitet."
Molière (1622–1673), französischer Komödiendichter und Schauspieler [24]

Tipp 16: Üben (schon beim Schreiben)

Bei meinen Interview-Medientrainings sind fast alle Teilnehmerinnen beim zweiten Übungsdurchgang deutlich besser als beim ersten – einfach, weil sie dann bereits einmal geübt haben.

Viele bereiten sich vor, indem sie ihre Aussagen zunächst aufschreiben. Wenn Sie so arbeiten, dann markieren Sie in jedem Satz ein Schlüsselwort, das Sie sich einprägen. Sprechen Sie möglichst bereits beim Schreiben laut und hören Sie sich dabei zu – Sie merken dann selbst, bei welchen Formulierungen es noch hakt. Andere notieren sich von Anfang an nur Stichwörter.

Üben Sie laut, mit oder ohne Stichwortzettel. Am besten filmen Sie sich dabei – mit dem Smartphone ist das sehr einfach. So erkennen Sie Details, die Sie noch verbessern können. Ziehen Sie bei Bedarf eine Person hinzu, die Ihnen ehrliches Feedback gibt – am besten einen Laien auf Ihrem Gebiet.

Wichtige Stichwörter sollten Sie sich einprägen – wenn es hilft, auch einzelne Formulierungen. Auf keinen Fall jedoch sollten Sie längere Passagen auswendig lernen. Sonst klingt Ihr Text wie aufgesagt. Was er dann ja auch ist.

„Talent haben, das ist das Beste, das zweite, es üben."
Epicharm (um 550–460 v. Chr.), griechischer Arzt und Lustspielautor [25].

Tipp 17: Was soll mein Publikum mitnehmen?

Wenn Sie eine Strategie haben (Tipp 3), dann wissen Sie, warum Sie Wissenschaft kommunizieren und welche Ziele Sie grundsätzlich verfolgen. Vor jedem konkreten Auftritt sollten Sie diese Ziele spezifizieren und das jeweilige Publikum in den Blick nehmen: Welche Bedürfnisse und Interessen hat es? Welche Perspektive hat es (bislang) auf das Thema? Welche „Sprache" spricht es (Tipp 28)? Formulieren Sie, was Ihr Publikum mitnehmen soll – zum Beispiel soll es Ihre Kernbotschaften verstehen und erinnern. Sie können das auch während Ihres Auftritts aussprechen: „Ich möchte, dass Sie zum Ende dieses Vortrags …"

Tipp 18: Powerposing

Selbstsicherheit und Vertrauen in die eigene Performance – das Gefühl von Stärke ist elementar, um souverän auftreten zu können. Das gilt im Interview, im Vorstellungsgespräch, beim Vortrag oder beim *elevator pitch.* Aber wie kann ich mentale Stärke und Selbstsicherheit gewinnen, wenn ich mich „eigentlich" unsicher fühle?

Vielleicht hilft Ihnen „Powerposing". Jeder weiß, dass Emotionen unsere Körpersprache verändern: Sind wir traurig, lassen wir den Kopf hängen; sind wir zufrieden, lächeln wir. Das alles machen wir unwillkürlich, ohne über unsere Mimik und Gestik nachzudenken. (Emotionen verändern übrigens auch die Art und Weise, wie wir sprechen und artikulieren, vgl. hierzu Tipp 67.) In den vergangenen Jahrzehnten haben Forscherinnen untersucht, ob das auch umgekehrt gilt: Beeinflussen also Mimik und Gestik, wie wir uns fühlen?

Tatsächlich scheint dies so zu sein. Studien zeigen: Wenn wir sog. *high power poses* einnehmen, z. B. die Arme emporrecken und damit viel Raum einnehmen, fühlen wir uns stärker und selbstsicherer – nur aufgrund der Pose. Natürlich können wir eine solche Pose schlecht einnehmen, *während* wir unseren Auftritt haben. Wir können das aber *vorher* tun und die Pose nachwirken lassen. So empfiehlt es die Sozialpsychologin Amy Cuddy in ihrem TED-Talk „Your body language may shape who you are" [26]. Dieser ist, während ich dieses Buch schreibe, mit 57 Mio. Klicks einer der am häufigsten gestreamten TED-Talks.

Und so funktioniert es: Vor Ihrem Auftritt suchen Sie einen Ort auf, an dem Sie keiner sehen kann. Nun nehmen Sie eine Powerpose ein, zum Beispiel diese: Füße auseinander, Fußspitzen nach außen, Brust raus, Kinn hoch, Arme V-förmig nach oben. Diese Pose halten Sie zwei Minuten lang. In den Studien von Cuddy und Kolleginnen führten die Powerposen bei den Probanden zu erhöhter Selbstsicherheit, höherer Risikobereitschaft und besserer allgemeiner Performance [27]. Außerdem stieg der Testosteronspiegel und sank der Cortisolspiegel – ein Hormonmuster, das typisch ist für Alphatiere (auch bei *Homo sapiens*).

Cuddys Forschungsergebnisse sind durchaus umstritten. Folgestudien von Fachkolleginnen konnten manche Teilergebnisse (z. B. hormonelle Effekte) nicht replizieren [28]. Insgesamt scheint sich aber ein signifikant positiver Effekt auf das Gefühl von Stärke zu bestätigen – insbesondere, wenn Sie das Powerposing-Konzept kennen (was Sie ja nun tun) [29]. Wenn Sie wollen, probieren Sie es also einmal für sich aus. Übrigens müssen Sie das stille Kämmerlein vielleicht gar nicht aufsuchen: Powerposing funktioniert laut Cuddy sogar in der Vorstellung.

Tipp 19: Kleidung, Schweiß und Krümel

Tragen Sie vor der Kamera kein Mickey-Maus-Shirt. Es sei denn, das ist genau Ihr Stil. Ansonsten vermeiden Sie lieber alles, was ablenkt: Auffällige Schriftzüge, baumelndes Ohrgehänge, Essensreste zwischen den

Zähnen … Kameramänner sollten Sie eigentlich auf so etwas hinweisen, trauen sich aber manchmal nicht.

Gleiches gilt für Schweiß auf der Stirn; bitte abtupfen, wenn es keiner vom Filmteam macht. Vermeiden Sie fein gemusterte Stoffe; die können auf der Mattscheibe irritieren (Moiré-Effekt). Hemden sind besser als T-Shirts: An der Knopfleiste können Tonassistenten ihre Funkmikrofone besser verstecken (besonders bei dunklen Stoffen).

Kleidung kann Ihnen in den Augen anderer Kompetenz verleihen. Ob Ihnen das gefällt oder nicht: Ihre äußere Erscheinung beeinflusst, wie man Sie bewertet [30] und wie viel Vertrauensvorschuss Sie bekommen: Eine Klinikärztin in Flipflops und Jeansjacke statt Kittel würden vermutlich auch Sie erst einmal kritisch beäugen. Kleiden Sie sich passend zu Ihrer Rolle. Nicht so, wie es Ihnen selbst am besten gefällt, sondern so, wie Sie gesehen werden wollen.

Tipp 20: Motive vorschlagen

Vor einem schönen Hintergrund sehen Sie besser aus. Kamerateam oder Fotograf freuen sich in der Regel über Vorschläge – insbesondere, wenn sie sich vor Ort nicht auskennen. Ein guter Interviewhintergrund sollte etwas Abstand zu Ihrem Rücken haben und im Idealfall zum Thema (oder zu Ihnen) passen.

Ungeeignet sind laute Orte – es sei denn, die Lärmquelle passt zum Thema (Sie erforschen Autoverkehr) oder zum Anlass (Ihnen wird ein Preis verliehen).

Wenn das Fernsehen kommt, braucht das Kamerateam zusätzlich zum Interview ein paar Bilder von Ihnen
in Aktion. Zu solchen „Antextbildern" werden Sie im
Filmbeitrag vorgestellt. Auch hier können Sie Vorschläge
machen. Vielleicht fällt Ihnen etwas Kreativeres und
Authentischeres ein als der übliche Gang durch den Flur
oder das Blättern vorm Bücherregal.

Tipp 21: Auf Augenhöhe

Es kann passieren, dass Sie im Interview nicht souverän
und selbstsicher rüberkommen – egal *was* Sie sagen und
egal *wie gut* Sie es sagen. Was könnte der Grund sein?
Wenn er nicht im Hörbaren liegt, findet er sich wahrscheinlich im Sichtbaren: Vielleicht stimmt Ihre Körpersprache nicht (Tipp 71). Oder die Position der Kamera
bzw. des Interviewers stimmt nicht: Wenn Kamera *oder*
Interviewer auf Sie herabschauen, haben Sie keine Chance,
selbstsicher, kompetent und souverän zu erscheinen –
Sie wirken automatisch klein und „unterlegen". Einem
professionellen Filmteam sollte das eigentlich nicht
passieren – tut es aber immer wieder (in seltenen Fällen
auch mit Absicht).

Achten Sie darauf, bevor das Interview startet: Kamera
und Interviewer müssen auf Augenhöhe mit Ihnen sein.
Bitten Sie einen lang gewachsenen Journalisten, wenn
nötig, beim Interview in die Knie zu gehen. Noch einfacher ist es beim Kamerastativ: Dessen Beine lassen sich
problemlos einfahren.

Sie können vor Beginn des Interviews darum bitten, das Bild einmal sehen zu können. So lässt sich am besten beurteilen, wie Sie aussehen. Übrigens: Wenn Kamera oder Interviewer *niedriger* sind als Sie, ist das in der Regel kein Problem.

Tipp 22: Raus, bitte

Macht es Sie nervös, wenn andere Ihnen beim Arbeiten zuschauen? Dann bitten Sie besser alle nicht direkt Beteiligten aus dem Raum, bevor Sie mit dem Interview beginnen. Denn die schauen sonst garantiert zu.

Tipp 23: Nicht in die Kamera gucken – oder doch?

Gucken Sie beim Interview nicht in die Kamera, sondern zum Interviewer. Spätestens beim Dreh wird der Journalist Sie darauf hinweisen. Wenn Sie zwischendurch zur Kamera blinzeln, lässt Sie das unsicher wirken. Allerdings wird eine solche Aufnahme in der Regel nicht verwendet.

Es gibt Ausnahmen: Bei einer TV-Fernschalte (wenn Sie also nicht in einem Raum mit dem Interviewer sind) gucken Sie in die Kamera. Auch bei einigen Sozialen Medien wie Instagram ist es üblich, während eines Interviews in die Kamera zu schauen.

Tipp 24: Live-Interview

Radiointerviews sind nicht selten live. Da steigt die Nervosität (Tipp 25): Was, wenn ich keine Antwort weiß? Das A und O ist auch hier die gute Vorbereitung. Die Inhalte der Fragen sollten Sie vom Journalisten in jedem Fall vorab einfordern (Tipp 10). Zusätzlich sollten Sie sich überlegen, wie Sie mit schwierigen Fragen umgehen. Wenn Sie einfach nur Zeit gewinnen wollen, können Sie so beginnen: „Gute Frage, aber nicht so einfach zu beantworten – meine Kollegen, mit denen ich sonst über diese Themen spreche, stellen immer ganz andere Fragen …".

Überlegen Sie sich zusätzlich Alternativantworten für verschiedene Themenbereiche: „Das kann ich nicht direkt beantworten. Was ich aber sagen kann ist, dass …" (Wenn Sie diese Einleitung weglassen, wird vielen gar nicht auffallen, dass Sie etwas an der Frage vorbei antworten.)

Stehen Sie dazu, wenn Sie eine Frage mal gar nicht beantworten können. Überlegen Sie sich vorab, wie Sie trotzdem souverän bleiben – zum Beispiel so: „Das ist eine schwierige Frage, die ich nicht aus dem Stegreif beantworten kann. Da müsste ich selbst erst recherchieren." Diese Tipps können Sie natürlich auch auf Interviews anwenden, die nicht live sind. Dort sollten Sie sich allerdings die Zeit nehmen, die Sie benötigen (Tipp 40).

Diese Tipps können Sie natürlich auch auf Interviews anwenden, die nicht live sind. Dort sollten Sie sich allerdings die Zeit nehmen, die Sie benötigen (Tipp 40).

Wie andere das machen

Der Ökonom Ottmar Edenhofer hält sich im *heute journal*-Interview nicht lange mit der Beantwortung der eigentlichen Frage auf; er bejaht kurz und leitet dann geschickt über zu einer seiner Kernbotschaften – die er natürlich vorbereitet hat:

Marietta Slomka *(heute journal):* „Haben Sie denn Verständnis dafür, dass Menschen sich einfach auch Sorgen um ihre Arbeitsplätze machen, zum Beispiel jetzt in der Automobilbranche?"

Ottmar Edenhofer: „Ja, natürlich habe ich Verständnis dafür, dass sich Menschen Sorgen machen, wenn's darum geht, Arbeitsplätze zu erhalten oder wenn sie befürchten, dass Arbeitsplätze verloren gehen. Nur, es ist ja nicht so, dass wir jetzt einfach Klimaschutz machen, um den Menschen das Leben schwer zu machen, sondern Klimaschutz heißt, dass wir gefährlichen Klimawandel vermeiden. Und würden wir so weitermachen wie bisher, dann wäre der Wohlstand des 21. Jahrhunderts bedroht. Klimawandel führt dazu, dass wir Wohlstand vernichten. Also Klimapolitik – gut gemachte Klimapolitik – hilft, den Wohlstand des 21. Jahrhunderts zu sichern." [31] Interessant ist auch, dass Edenhofer seine Kernbotschaft gleich noch einmal wiederholt. So bleibt sie besser hängen (Tipp 14).

Ein weiteres Beispiel, wie Sie Ihre Kernbotschaft auch bei anderslautenden Fragen transportieren können, ist die Antwort von Dunja Baston-Büst in Tipp 26.

Tipp 25: Umgang mit Nervosität

Vorträge auf Konferenzen zu halten, gehört für viele Wissenschaftlerinnen zum gewohnten Geschäft, und nur selten führt die Aussicht, vor Fachkollegen sprechen zu müssen, zu erhöhter Nervosität. Ganz anders, wenn sie plötzlich mit einem Journalisten sprechen müssen und die Kamera läuft.

Ich habe etliche Tipps gehört, wie man mit Lampenfieber umgehen soll, zum Beispiel: tief durchatmen, Nervosität ignorieren, sich die Anwesenden nackt vorstellen, an das Erfolgserlebnis danach denken … Jeder hat hier seine eigene Theorie. Meine Tipps sind folgende:

- Bereiten Sie sich gut vor. Wenn Sie sicher im Stoff sind, geprobt haben und wissen, wie Sie Ihr Thema gut formulieren können, fühlen Sie sich sicherer. Besonders wichtig ist, dass der Anfang sitzt. (Tipp 15 und Tipp 16).
- Akzeptieren Sie, dass Sie nervös sind. Manche Berater empfehlen, die Nervosität anzunehmen wie einen „großen Freund" – warum nicht? Nervosität ist völlig normal; Leugnen funktioniert nicht. Erklären Sie dem interviewenden Journalisten ruhig, dass Sie nervös sind. Die meisten werden Rücksicht darauf nehmen.
- Sie sollten wissen, wohin mit den Händen. Stellen Sie die Füße schulterbreit für einen wackelfreien Stand (Tipp 73) oder suchen Sie sich eine entspannte Sitzposition (Tipp 75). Achten Sie darauf, dass Ihr Gegenüber nicht über Ihnen ist (Tipp 21).

- Nehmen Sie sich Zeit. Plaudern Sie eine Zeit lang über Belangloses und gewöhnen Sie sich an die besondere Situation, ohne dass die Kamera läuft. Viele Journalisten machen das von sich aus, um Ihnen die Nervosität zu nehmen. Nehmen Sie sich auch beim Antworten Zeit (Tipp 40 und Tipp 67).
- Rufen Sie sich in Erinnerung, dass Sie alles wiederholen können und Versprecher rausgeschnitten werden (außer bei Live-Interviews) (Tipp 41).
- Beobachten Sie sich nicht selbst. Überprüfen Sie nicht Ihre eigene Performance beim Sprechen. Sonst verkrampfen Sie und verhalten sich zunehmend künstlich. Konzentrieren Sie sich stattdessen auf Ihr Gegenüber und die Inhalte – so wie Sie es auch in einem „normalen" Gespräch tun würden (Tipp 70)[5]
- Ein paar Minuten vor dem Termin können Sie die Technik des Powerposings für sich nutzen (Tipp 18).

---

[5]Ich wollte lange Zeit Naturfilmer werden, auch noch während meines Studiums. In den Semesterferien machte ich ein Praktikum bei einem Naturfilmer – wir wollten zum Drehen in die Südsee, Rangiroa-Atoll. Um das nötige Kleingeld für den Flug zu verdienen, habe ich während der Ferien in der Bielefelder Stadtgärtnerei gearbeitet. Der Naturfilmer hat auch *meine* Story „verkauft" und so kam ein Sat.1-Team in den Oetkerpark, um einen Bericht über mich zu drehen. Ich war ziemlich nervös. Zuerst musste ich mit der Schubkarre über den Hof laufen. Keine schwere Aufgabe, sollte man meinen. Ich werde das nie vergessen: Plötzlich war ich stocksteif und konnte nicht normal laufen. Und es gab nichts, was ich dagegen tun konnte. Ich glaube, dem Filmteam ist das weniger aufgefallen als mir selbst, aber ich habe echt gelitten.

Mein Fehler war, dass ich mich selbst beobachtet habe, während ich die Karre zum nächsten Beet schob. Ich war mein eigener Kritiker, stand quasi außerhalb meiner selbst und achtete darauf, jetzt möglichst alles ganz natürlich zu machen. Aber das Gegenteil ist passiert. Denn ich wusste nicht einmal, wie man natürlich läuft – das hatte ich nie zuvor bewusst getan.

3

Der Auftritt: Verbale Kommunikation: Erklären und Erzählen, Formulieren und Stil

Tipp 26: Kontrolle behalten

Es stimmt schon: Der Journalist sitzt am längeren Hebel. Er bestimmt, was am Ende beim Leser, Hörer oder Zuschauer ankommt – indem er die Fragen stellt, indem er Ihre Statements auswählt, sie kontextualisiert und vor allem, indem er den Berichtstext formuliert. Trotzdem müssen Sie nicht jede Kontrolle aus der Hand geben: Sie entscheiden selbst, welche Fragen Sie beantworten und welche nicht. Sie entscheiden selbst, was Sie sagen und was Sie nicht sagen. Und Sie entscheiden selbst, welche

© Der/die Herausgeber bzw. der/die Autor(en), exklusiv lizenziert durch Springer-Verlag GmbH, DE, ein Teil von Springer Nature 2020
V. Hahn, *Die souveräne Expertin – 77 Tipps für die verbale Wissenschaftskommunikation*,
https://doi.org/10.1007/978-3-662-61723-6_3

Botschaften Sie betonen und wiederholen. Verfolgen Sie Ihre eigene Agenda.

Dass Sie mich nicht falsch verstehen: Spielen Sie keine Machtspiele mit dem Journalisten. Im Idealfall begegnen Sie sich auf Augenhöhe und respektieren die Rolle des jeweils anderen. Wenn sich ein echter Dialog (Reden *und* Zuhören) zwischen Ihnen entwickelt, haben Sie gute Karten, den Journalisten für sich und Ihr Thema zu gewinnen (Tipp 12). Dann steht einer guten und fairen Berichterstattung nichts im Wege.

In den folgenden Beispielen verfolgen die Interviewten souverän ihre eigene Agenda. Sie beantworten die gestellten Fragen anders als vom Interviewer beabsichtigt. Sie stellen ihre eigene Sicht der Dinge voran und behalten die Deutungshoheit über ihre Themen.

Wie andere das machen

Die Reproduktionsbiologin Dunja Baston-Büst wird im Interview mit *heute.de* nach ihrer Arbeit gefragt. Sie nutzt die Frage für ein Plädoyer pro Präimplantationsdiagnostik. Die eigentliche Frage beantwortet sie nicht.

Kathrin Wolff (heute.de): „Abgesehen von der umstrittenen Genschere – welche Fortschritte gibt es in der Reproduktionsgenetik und woran arbeiten Sie?"

Dunja Baston-Büst: „Wir sind leider in Deutschland sehr limitiert. Forschung an Embryonen ist hier verboten. Wir können Spermien aufbereiten und Eizellen untersuchen. Aber einen Embryo zu untersuchen, ist nur in Ausnahmefällen erlaubt, das Paar muss vorher einen Antrag bei der Ethikkommission stellen. Dabei könnte man mit der Präimplantationsdiagnostik zum Beispiel Trisomien erkennen, bevor ein Embryo in die Gebärmutter eingesetzt wird. Stattdessen wird den Paaren eine Schwangerschaft auf Probe zugemutet. Nach zehn bis zwölf Wochen kann der Fötus dann mit den Verfahren der Pränataldiagnostik – wie Blut- und Fruchtwassertests – untersucht werden. Gegebenenfalls folgt dann eine Abtreibung. Für die Mütter wäre es besser, bei künstlicher Befruchtung in Zweifelsfällen den Embryo vor dem Einsetzen in die Gebärmutter zu untersuchen. Diese Präimplantationsdiagnostik ist in unseren Nachbarländern ein gängiges technisches Verfahren, Deutschland ist da hintendran." [32]

Die Paläontologin Madelaine Böhme wird im *Deutschlandfunk*-Interview nach skeptischen Stimmen zu ihrer Arbeit gefragt. Sie dreht den Spieß um und berichtet stattdessen von den positiven Stimmen.

Lennart Pyritz (*Deutschlandfunk*): „... haben Sie schon Reaktionen auf Ihre Studie bekommen, gibt es da auch skeptische Stimmen, die erst mal weitere Untersuchungen anmahnen, bevor man eben so lange bestehende Theorien verwirft?"

Madelaine Böhme: „Ich verstehe natürlich, dass Journalisten erst mal nach den skeptischen Stimmen fragen. Ich möchte Ihnen aber erst mal erzählen, wie viel Applaus bzw. wie viel Zustimmung unsere Ergebnisse bei den Fachkollegen hatten. Normalerweise sind solche Publikationen, vor allen Dingen, wenn es sich um solche Themen handelt, sehr, sehr strittig, teilweise gibt es langwierige, über ein Jahr währende Prozesse der Begutachtung. In unserem Fall hat das Ganze sieben Wochen gedauert, was wirklich bei „Nature" eine sehr, sehr sportlich schnelle Angelegenheit ist. D. h., es gab zu meinem Erstaunen, muss ich auch sagen, Zustimmung. Und ich habe Kollegen erlebt, die mir jetzt gerade in den letzten Stunden und den letzten Tagen gratuliert haben und die gesagt haben, das erklärt so manches, was wir uns nicht vorstellen konnten, und jetzt kann die Wissenschaft natürlich völlig neue Fragen stellen wie z. B.: Wenn die Savanne nicht der treibende Motor für die Evolution des aufrechten Ganges war, was war es denn dann? Warum in Europa, warum zu dieser Zeit? All diese Fragen können jetzt neu gestellt werden.

Ich erwarte nicht, dass jemand, der das Out-of-Africa-Modell mit der Muttermilch aufgesogen hat, ich erwarte nicht, dass die jetzt sofort sagen, jawohl, das ist das, was ich seit meiner frühen Kindheit wissen wollte. Aber viele Kollegen, auch jüngere Kollegen vor allen Dingen, die sehen jetzt, dass also die frühen Anfänge der menschlichen Evolution noch viele Lücken in unserer Erkenntnis haben – und wir sind dabei, sie zu schließen. [33]

Auch der Chemiker Jos Lelieveld dreht den Spieß um, aber auf andere Weise. Gefragt nach seiner Reaktion auf eine Minderheitenmeinung beim Streitthema Luftverschmutzung (Stickoxid- und Feinstaubdebatte 2019) thematisiert er die Reaktion von Journalisten auf dieselbe Minderheitenmeinung.

Peter Hergersberg (*mpg.de*): „Dennoch hat die Meinung der Lungenärzte um Dieter Köhler auch bei Politikern großes Echo gefunden. Wie können Sie reagieren, wenn solch eine Minderheitenmeinung eine so große Plattform bekommt?"

Jos Lelieveld: „Das ist eher eine Frage, die ich Ihnen stellen würde. Es ist gut, dass es eine Meinung und eine Gegenmeinung gibt. Aber Journalisten sollten das auch gewichten. Wenn 90 % einer Fachgemeinde eine Aussage macht und eine Minderheit dagegenhält oder Zweifel äußert, wird das oft so dargestellt, als seien die Auffassungen gleichwertig. Das ist aber nicht der Fall." [7]

Weitere Beispiele von interviewten Wissenschaftlerinnen, die selbst Themen setzen und sich das Zepter nicht aus der Hand nehmen lassen, finden Sie in Tipp 14 und in Tipp 24.

Die oben genannten Beispiele stammen aus Wortlautinterviews. Bei diesen erhält die interviewte Person viel Raum für ihre eigenen Formulierungen und hat deshalb vergleichsweise viel Kontrolle. Bei einen Bericht dagegen formuliert der Journalist den Großteil des Textes und zitiert Sie nur mit wenigen, ausgewählten Statements (Tipp 12 und Tipp 14).

Die drei häufigsten Schwächen (beim Sprechen)

Bei meinen Interviewtrainings kritisiere ich während der Übungen drei Dinge besonders häufig: zu lange Sätze (Tipp 32), zu viele nicht erklärte Fachbegriffe (Tipp 49) und zu viele Abstraktionen ohne konkrete Beispiele (Tipp 35). In der *Neuen Zürcher Zeitung* hieß es einmal: „Ausweis des Wissenschaftlichen ist die Unverständlichkeit." Das sollte niemand als Kompliment verstehen.

Das Tolle ist: Die Teilnehmerinnen von Medientrainings *wollen* verstanden werden. Und schon in der zweiten Übungsrunde zeigen alle erhebliche Fortschritte.

Tipp 27: Aufmerksamkeit am Anfang verdienen

Wenn Sie auf YouTube langweilen, ist der Zuschauer schnell weg. Bei einem Vortrag dagegen wird kaum jemand sofort den Saal verlassen. D. h. aber nicht, dass man Ihnen auch zuhört. Verdienen Sie sich die Aufmerksamkeit Ihres Publikums gleich zu Beginn: Starten Sie mit etwas besonders Interessantem, mit etwas Überraschendem, einer ungewöhnlichen Perspektive, einer

Provokation, einem Witz oder einer Anekdote. Oder sprechen Sie das Publikum direkt an, holen es aus der Komfortzone: Wenn Sie z. B. mit der Frage starten „Welches war Ihre erste gute Tat heute?", setzen Sie unvermittelt Milliarden Gehirnzellen in Gang. Mit welcher Frage könnten *Sie* einen Vortrag beginnen?

„Grab 'em by the throat and never let 'em go."
Billy Wilder (1906–2002), Filmregisseur [34]

Tipp 28: Abholen und verbinden

Vielleicht haben Sie schon einmal den Tipp gehört, man solle sein Publikum „abholen". Was heißt das? Erstens: Dass Sie Niveau und Vorwissen Ihres Publikums realistisch einschätzen und entsprechend einsteigen – nicht zu schwer, nicht zu einfach (wobei Wissenschaftlerinnen selten dazu neigen, zu einfach zu formulieren). Zweitens: Dass Sie an Inhalte anknüpfen, die Ihrem Publikum vertraut sind. Wenn Sie zunächst ein paar Takte über Rotkäppchen sprechen, können Sie davon ausgehen, dass Ihr Publikum das Märchen kennt und Sie so eine Verbindung aufbauen. Natürlich sollte Rotkäppchen dann etwas mit Ihrem eigentlichen Thema zu tun haben. Und natürlich ist Rotkäppchen nur ein Beispiel. Anknüpfen können Sie an Alltagserfahrungen, Alltagsgegenstände, bekannte Persönlichkeiten, Zitate, Lebensmittel, Krankheiten, Gebäude, Kunstwerke, Filme, Werbekampagnen, Weltgeschehen usw.

Übrigens sind uns Dinge, die uns vertraut sind, mit einer gewissen Wahrscheinlichkeit auch sympathisch. Psychologen nennen das den Mere-Exposure-Effekt. Ein Grund mehr, an Vertrautes anzuknüpfen.

Wie andere das machen

Die Chemikerin Mai Thi Nguyen-Kim verbindet in ihrem Hörbuch *Komisch, alles chemisch!* oft ihre Themen aus der Chemie mit Themen aus dem Alltag, sei es Morgenmüdigkeit, Zahnpasta, Star Wars oder menschliche Beziehungen. Dabei steht die Alltagserfahrung am Anfang ihrer Ausführungen – wie in diesem Beispiel: „Wenn ihr dieses Hörbuch auf eurem Handy hört, dann spielt die Anorganische Chemie ebenfalls eine große Rolle. [...] Sie ist unter anderem die Basis aller technischen Gadgets, das Smartphone etwa ist ein Meisterwerk der Anorganischen Chemie. Und mit ein bisschen Verständnis kann man zum Beispiel herausfinden, wie der Handyakku länger hält, und allein das ist doch einen tieferen Blick in die Chemie eines Handys wert, oder?" [9]

Der Historiker Yuval Noah Harari erzählt in *21 Lektionen für das 21. Jahrhundert,* wie er die Aufmerksamkeit seiner Zuhörer zurückgewinnt, wenn diese das Gefühl bekommen, seine Themen hätten nichts mit ihnen persönlich zu tun. Er sagt: „Wann immer sie des ganzen Geredes von Künstlicher Intelligenz, Big-Data-Algorithmen und Bioengineering überdrüssig waren, musste ich üblicherweise nur ein Zauberwort erwähnen, um ihre Aufmerksamkeit zurückzugewinnen: Jobs." „Jobs" ist hier der Anknüpfungspunkt, der allen Gesprächspartnern vertraut und wichtig ist [5].

Der Astrophysiker Stephen Hawking erklärt in seinem Hörbuch *Kurze Antworten auf große Fragen* die Entstehung unseres Universums aus dem Nichts. Die Beantwortung dieser wirklich großen Frage beginnt mit einer kleinen Tasse Kaffee: „Wenn Ihnen danach ist, eine Tasse Kaffee zu trinken, können Sie diese nicht durch bloßes Fingerschnippen herbeizaubern. Sie müssen sie aus anderem Stoff herstellen – Kaffeebohnen, Wasser und vielleicht etwas Milch und Zucker. Aber reisen Sie in die Tiefen dieser Kaffeetasse – durch die Milchteilchen, durch die atomare Ebene hindurch bis hinab zur subatomaren Ebene – und Sie werden in eine Welt eindringen, in der es durchaus möglich ist, etwas aus dem Nichts heraufzubeschwören." An anderen Stellen bezieht sich Hawking auf Hamlet oder Star Trek [2].

Der Physiker Lawrence M. Krauss verknüpft die Entstehungsgeschichte des Universums auf emotionale Weise mit den Atomen in den Körpern eines jeden von uns (Zitat in Tipp 52). Wenig ist uns vertrauter als unser eigener Körper.

„Abholen" heißt also, den Zuhörer „mitzudenken", sich auf ihn einzulassen, ihn ernst zu nehmen und ihm den Einstieg ins Thema zu erleichtern. Es heißt nicht, dass Sie ihm nur Bekanntes servieren. Überraschen Sie Ihr Publikum mit interessanten, neuen und unerwarteten Inhalten.

Tipp 29: Publikum involvieren

Ihr Auftritt kann nachhaltiger wirken, wenn es Ihnen gelingt, Ihre Zuhörer persönlich zu involvieren. Dafür eignen sich nicht alle Formate der verbalen Wissenschaftskommunikation gleich gut. Aber selbst in einem Radiointerview oder Hörbuch ist es grundsätzlich möglich: Im einfachsten Fall dadurch, dass Sie Ihr Publikum in der zweiten Person ansprechen. Stärker aktivieren Sie es, wenn Sie ihm Gedankenexperimente anbieten (Tipp 60) oder Fragen stellen. Ich mache das auch an ein paar Stellen in diesem Buch. Haben Sie schon welche entdeckt?

Wenn Sie den Vortrag vor physisch anwesendem Publikum halten, können Sie sich eine solche Frage durch Handheben tatsächlich beantworten lassen. Zusätzlich könnten Sie z. B. ein Quiz in Ihren Vortrag einbauen. Es ist ein großer Vorteil, wenn Sie Ihre Zuhörer vor Augen haben und auch ihre nonverbalen Signale wahrnehmen können. Wenn Sie spüren, wie das Publikum auf Ihre Ausführungen reagiert, können Sie entsprechend re-reagieren.

Fragen aus dem Publikum sind eine weitere, klassische Möglichkeit der Interaktion; bei (Präsenz-) Vorträgen und Podiumsdiskussionen sind sie heutzutage Standard und fest eingeplant. Interaktive Vorträge und Podiumsdiskussionen eignen sich gut für Lange Nächte der Wissenschaften. Ich bin ein Fan solcher Großveranstaltungen: Sie bieten Wissenschaftlerinnen einen tollen Rahmen, um mit interessierten Laien ins Gespräch zu kommen. Von einem solchen Dialog profitieren im Idealfall beide Seiten (Tipp 2).

Bekanntermaßen bieten auch Social Media die Möglichkeit, mit dem Publikum zu interagieren – allerdings meist in schriftlicher Form. (Welche Möglichkeiten Social Media grundsätzlich bieten, lesen Sie im Interview mit Irena Walinda in diesem Buch.)

Wie andere das machen

Durch ein einfaches Bild – mit dem Zuhörer als „Protagonisten" – und durch die Ansprache in der zweiten Person baut der Zoologe Paul Schmid-Hempel eine Verbindung zum Zuhörer auf und involviert ihn auf diese Weise: „*Wolbachia* [ein Bakterium] lebt in den Zellen, meist von Insekten. Ganz gleich, ob Sie einen Käfer, einen Schmetterling oder eine Ameise vom Boden aufheben, das Tier ist wahrscheinlich befallen." [16]

Der Philosoph Thomas Metzinger beschäftigt sich mit den Themen Bewusstsein und Ichgefühl. Im Interview gibt er ein Experiment in einer Weise wieder, dass sich der Leser gut in die Rolle des Probanden hineinversetzen kann: „Ein Helfer streicht Ihnen über den Rücken, dabei werden Sie von hinten gefilmt. Dieses Videobild fügt ein Computer in das virtuelle Bild ein, das Sie durch eine 3D-Brille sehen. Sie sehen sich also von hinten und schauen zu, wie Ihr Rücken gestreichelt wird. Nun empfinden Sie die Berührung plötzlich nicht mehr in Ihrem wirklichen Leib, sondern im virtuellen Doppelgänger vor Ihren Augen. Das Ichgefühl springt in das zweite Körperbild hinüber." [35]

Der Historiker Yuval Noah Harari stellt in seinem Hörbuch *21 Lektionen für das 21. Jahrhundert* (Kapitel „Gerechtigkeit") folgende Fragen: „Wenn ich mit Ihnen auf die Jagd gehen und ein Reh erlegen würde, während Sie nichts fangen, sollte ich dann meine Beute mit Ihnen teilen? Wenn Sie Pilze sammeln und mit einem vollen Korb zurückkehren, erlaubt es mir dann die Tatsache, dass ich stärker bin als Sie, mir all diese Pilze einfach unter den Nagel zu reißen? Und wenn ich weiß, dass Sie planen, mich umzubringen, ist es dann in Ordnung, präventiv zu handeln, und Ihnen im Schutze der Nacht die Kehle durchzuschneiden?" Natürlich können sich die Hörer diese Fragen nur selbst beantworten. Trotzdem involviert Harari sie auf diese Weise – die meisten werden zumindest kurz darüber nachdenken [5].

Tipp 30: Persönlich

Menschen lieben das Menschliche. Erfolgreiche Kommunikatorinnen verbergen ihre Person nicht hinter den wissenschaftlichen Inhalten. So z. B. Mai Thi Nguyen-Kim, Antje Boetius, Hans Rosling oder Brian Greene. Das Persönliche ist eng verbunden mit dem

Emotionalen (Tipp 54), mit dem Konkreten (Tipp 35) und mit dem Lebendigen (Tipp 68) – alles wichtige Elemente guter Wissenschaftskommunikation. Persönliche Kommunikation bedeutet, dass Sie von sich sprechen, von Ihrer Forschungsarbeit, von konkreten Erlebnissen (Anekdoten), von Ihren Ideen, Träumen, Enttäuschungen, Absichten und Ansichten. Und nicht zuletzt, dass Sie sich in Ihr Publikum einfühlen (Tipp 28).

Wie andere das machen

In ihrem Hörbuch *Darm mit Charme* erzählt die Medizinerin Giulia Enders gleich zu Beginn von Krankheiten und Leiden ihrer Kindheit. Mit dieser Offenheit gewinnt sie Sympathie und Vertrauen: „[…] Hätte ich damals schon mehr über den Darm gewusst, hätte ich Wetten abschließen können, welche Krankheiten ich mal so bekommen würde. Zuerst war ich laktoseintolerant. Ich wunderte mich nie, warum ich nach meinem fünften Lebensjahr plötzlich wieder Milch trinken konnte, irgendwann wurde ich dick, und dann wieder dünn. Dann ging es mir lange gut, und dann kam „Die Wunde". Als ich siebzehn Jahre alt war, bekam ich grundlos eine kleine Wunde auf meinem rechten Bein. Sie heilte einfach nicht, […]" [36]

Mai Thi Nguyen-Kim demonstriert ihre persönliche „Liebesbeziehung" zur Chemie im Hörbuch *Komisch, alles chemisch!* auf unterhaltsame Weise. Sie sagt: „[…] Im besten Fall haben die Leute gar keine Vorstellung von Chemie. Sie fragen dann mit großen Augen und einer gewissen Ratlosigkeit im Blick: ‚Und was macht man so mit Chemie?' Manchmal würde ich mein Gegenüber dann gerne an den Schultern packen, schütteln und schreien: ‚Alles! Chemie ist Alles! […]'". Die wörtliche Rede und erzählte Physis machen Nguyen-Kims Erzählung besonders lebendig [9].

Der Wissenschaftsjournalist Stefan Klein versteht es, seine Interviewpartnerinnen auf eine sehr persönliche Weise über ihre Forschung sprechen zu lassen. Ein Beispiel ist der kurze Ausschnitt aus dem Gespräch mit Diana Deutsch (Tipp 32).

Alle Beispiele aus Tipp 54 würden auch in dieses Kapitel passen.

> „Aber ich habe immer die Sache und die gemeinsame Leistung des Forscherteams und nicht meine Person in den Vordergrund gestellt. Mittlerweile habe ich gelernt, dass die Medien auch an den Personen hinter den Forschungsergebnissen interessiert sind."
> Emmanuelle Charpentier (*1968), Biochemikerin [8].

Tipp 31: „Vereinfacht gesagt ..."

Sie dürfen vereinfachen. Ja, Sie sollen vereinfachen, um gut verstanden zu werden. Das ist die Kernaufgabe guter Wissenschaftskommunikation: komplexe Inhalte auf das für den Laien Wesentliche „herunterzubrechen" und leicht verständlich zu vermitteln. Dafür brauchen Sie eine einfache, klare Sprache (Tipp 32, Tipp 49, Tipp 50), möglichst konkrete Inhalte und Beispiele (Tipp 35) sowie den Mut, alles wegzulassen, was nicht notwendig ist (Tipp 14 und Tipp 46).

Vereinfachen ist nicht einfach. Es ist im Gegenteil eine anspruchsvolle Herausforderung. Und Sie sollten keine Angst haben, als weniger kompetent oder unseriös wahrgenommen zu werden, nur weil Sie vereinfachen. Maßgebend sollte das Niveau Ihres Zielpublikums sein!

Vielleicht haben Sie aber auch Bedenken, dass die mithörenden Kolleginnen die Nase rümpfen, weil Sie aus deren Sicht zu sehr vereinfachen? In diesem Fall empfehle ich, dass Sie offen erklären, dass Sie vereinfachen und manche Sachverhalte in Wahrheit facettenreicher und komplizierter sind.

Vereinfachung hat aber durchaus Grenzen: dann, wenn die Aussage falsch oder irreführend wird. Allerdings kommt es nach meiner Erfahrung höchst selten vor, dass Wissenschaftler gegenüber Laien zu sehr vereinfachen – viel häufiger vereinfachen sie zu wenig. Auch die Benennung von Unsicherheiten setzt der Vereinfachung Grenzen (Tipp 64).

Die folgenden Beispiele demonstrieren, wie man sehr schön vereinfachen und dabei trotzdem substanzielle Informationen rüberbringen kann.

Wie andere das machen

„Das Riesenvirus verwandelt sein Opfer praktisch in eine Art Stein, so wie Medusa ihre Opfer zu Stein verwandelte, wenn diese in die Augen der Gorgo geblickt hatten. [...] Die äußere Hülle des Erregers ist zudem mit hunderten Stacheln überzogen, die das Erbgut des Virus schützen sollen und an deren Enden runde Köpfe sitzen." [37] Der Autor Daniel Lingenhöhl vereinfacht in diesem *Spektrum-der-Wissenschaft*-Text komplexe biochemische Strukturen und Prozesse und verzichtet ganz auf Fachbegriffe: Das aus Proteinen aufgebaute Kapsid des Virions wird zu einer Hülle aus Stacheln mit runden Köpfen; die vom Virus induzierte Zystenbildung wird zu einer Versteinerung. Der Vergleich (Tipp 43) der Zyste mit einem Stein und des Virus mit einer Medusa sind leicht verständliche und einprägsame Bilder. Diese Bilder formulieren übrigens schon die Wissenschaftlerinnen in ihrem *paper* [38]. Bei einem Vortrag zum Thema könnten sie einen Medusakopf oder einen Stein als Requisit mit auf die Bühne nehmen. Das würde bestimmt im Gedächtnis bleiben.

Der Hirnforscher und Communicator-Preisträger Wolf Singer versteht es im Interview mit *dfg.de,* ein komplexes Thema gut verständlich zu formulieren: „Sprache besteht aus einer unablässigen Folge von Lauten. Wir wissen heute, dass Kinder schon sehr früh in der Sprachentwicklung lernen, diesen Strom in seine einzelnen Bestandteile, die Phoneme, zu zerlegen. Während dieses Lernprozesses werden bestimmte Verbindungen zwischen Nervenzellen im Gehirn geknüpft; andere, in der jeweiligen Sprache nicht benötigte, verkümmern. Darum fällt es Asiaten so schwer, ‚l und ‚r' zu unterscheiden, und deshalb erfolgt die Phonemsegmentierung bei der spät erlernten Zweitsprache nicht mehr automatisch. Nach dieser sensiblen Phase ist dieser Teil der Hirnentwicklung abgeschlossen. Das ist der Grund dafür, dass wir eine später erlernte Sprache nie mit der gleichen Mühelosigkeit erfassen wie die Muttersprache. Nur Kinder, die zweisprachig aufwachsen, beherrschen beide Sprachen gleich gut." [11] Singer spricht eine einfache Sprache, er erläutert einen Fachbegriff (Phonem) und bringt Beispiele (Asiaten und Zweitsprache), die vielen vertraut sind.

Stephen Hawking war nicht nur ein renommierter Astrophysiker, sondern auch ein begnadeter Wissenschaftskommunikator. Wenn man ihm zuhört, scheint es ein Leichtes, sich selbst ein Universum zu kochen: „Trotz der Komplexität und Vielfalt des Universums stellt sich heraus, dass man nur drei Zutaten braucht. Stellen wir uns vor, wir könnten sie in einer Art kosmischem Kochbuch auflisten. Welche drei Zutaten brauchen wir also, um ein Universum zuzubereiten? Die erste ist Materie – Stoff, der Masse hat. Materie gibt es überall um uns herum, in dem Boden zu unseren Füßen und draußen im All. Staub, Stein, Eis, Flüssigkeiten. Riesige Gaswolken, massereiche Sternspiralen – jede enthält Milliarden von Sonnen und erstreckt sich über unvorstellbare Entfernungen. Die zweite Zutat, die Sie brauchen, ist Energie. [...] Als Drittes brauchen wir zum Bau eines Universums noch Raum. Viel Raum." [2] Hawking baut geschickt bekannte und konkrete Alltagsgegenstände und -erfahrungen als Beispiele in seine Erklärungen ein: Kochbuch, Boden oder Flüssigkeiten.

Auch die Medizinerin Giulia Enders knüpft in ihrem Hörbuch *Darm mit Charme* an Bekanntes an, um menschliche Anatomie und Physiologie zu erklären. Jeder von uns hat Erfahrung mit dem täglichen Stuhlgang: „Kaum ein anderes Tier erledigt dieses Geschäft so vorbildlich und ordentlich wie wir. Unser Körper hat dafür allerlei Vorrichtungen und Tricks entwickelt.

Es fängt schon damit an, wie ausgetüftelt unsere Schließmechanismen sind. Fast jeder kennt immer nur den äußeren Schließmuskel, den man gezielt auf- und zubewegen kann. Es gibt einen ganz ähnlichen Schließmuskel, wenige Zentimeter entfernt – nur können wir ihn nicht bewusst steuern.

Jeder der beiden Schließmuskeln vertritt die Interessen eines anderen Nervensystems. Der äußere Schließmuskel ist treuer Mitarbeiter unseres Bewusstseins. Wenn unser Gehirn es unpassend findet, jetzt auf die Toilette zu gehen, dann hört der äußere Schließmuskel auf das Bewusstsein und hält dicht, wie er eben kann. Der innere Schließmuskel [...]". [36]

Im ähnlichen Stil formuliert Mai Thi Nguyen-Kim: informell, schnörkellos und leicht verständlich. Das folgende Zitat stammt aus dem Hörbuch *Komisch, alles chemisch!*: „Die Bakterien auf unseren Zähnen leben in der sogenannten Plaque. Das ist eine dünne, wässrige Schicht, mit der unsere Zähne überzogen sind. Die Plaque wird – etwas weniger charmant – auch Zahnbelag genannt. [...]

Essen wir Zucker oder Kohlenhydrate, mampfen die Bakterien das genüsslich weg und pupsen als Gegenleistung Säure aus. Das ist vielleicht nicht die akkurateste Analogie, aber als ich es genau so der fünfjährigen Tochter eines Freundes erklärte, kriegte sie sich nicht mehr ein vor Lachen und putzt sich seitdem angeblich viel lieber die Zähne. (Diese Erklärung kann ich also nur empfehlen.) Letztendlich verstoffwechseln die Bakterien den Zucker im Rahmen eines komplexen chemischen Prozesses. Genau wie wir haben Bakterien auch einen Stoffwechsel, darin wandeln sie zum Beispiel Zuckermoleküle in Säuremoleküle um – und das direkt an unserer Zahnoberfläche." [9]

Etwas formeller im Ton, aber ebenso einfach in der Sprache erklärt der Molekularbiologe Ivan Đikić sein Forschungsobjekt – ein Protein. Er benutzt einfache, leicht verständliche Worte und kurze Sätze: „Das Protein Ubiquitin ist ein extrem kraftvolles Zellsignal. Vereinfacht ließe sich sagen: Ubiquitin kontrolliert Leben. Geht etwas schief bei der Signalverarbeitung, entwickeln sich Krankheiten. Wie genau dies geschieht, ist bislang kaum geklärt. Wir forschen also an den Grundlagen des zellulären Lebens und den molekularen Ursachen von Krankheiten. Vor allem wollen wir verstehen, welchen Einfluss dieses kleine Protein Ubiquitin auf Erkrankungen nimmt. Das Protein mag zunächst unscheinbar wirken, ist aber von enormer Bedeutung: In Jahrmillionen der Evolution – sozusagen von der Hefe zum Menschen – hat das Ubiquitin-Netzwerk die Regulation unterschiedlichster biologischer Prozesse übernommen […]" [39].

Im nächsten Beispiel verwendet der Autor Ronald Stoyan eine einfache Sprache, hat sich aber entschieden, inhaltlich *nicht* zu vereinfachen: „Die Erde dreht sich um ihre eigene Achse, und zwar in 23 Stunden und 56 Minuten", heißt es in seinem Buch „Astro-Einstieg". Diese klare Aussage dürfte manche verwirren: Nicht 24 Stunden und null Minuten? Nein, 23 Stunden und 56 Minuten ist korrekt. Und in einem Buch mit dem Titel „Astro-Einstieg" wäre eine Rundung auf die bekannte Tageslänge von 24 Stunden sicher unangemessen gewesen [40].

Je nach Kontext und Kommunikationsziel muss man sich für eine Variante entscheiden: Exakt bleiben oder vereinfachen. In diesem Fall entsteht mit der exakten Variante auf jeden Fall Spannung. Oder wissen Sie, woher die Diskrepanz zwischen den zwei Zeitangaben rührt?

Was andere dazu sagen

Rudolf Walter Leonhardt meint, dass Verständlichkeit den Ruf einer Forscherin beschädigen kann. Der Journalist schreibt in seinem Buch *Auf gut deutsch gesagt*: „Die Sprache der Wissenschaften neigt dazu, um so unverständlicher zu werden, je leichter das jeweilige Thema in allgemeinverständlicher Sprache behandelt werden könnte. Dann erst nämlich muss um den wissenschaftlichen Ruf gerungen werden, der sich in Deutschland auf nichts so fest gründet wie auf Unverständlichkeit." Ich überlasse es Ihnen, Leonhardts Aussage zu bewerten. Sein Buch wurde 1983 veröffentlicht. Seitdem hat sich die Bereitschaft, einfach und verständlich zu kommunizieren, vermutlich erhöht [41].

Ich behaupte, dass es heute viele Wissenschaftlerinnen gibt, die den klaren Willen haben, einfach und verständlich zu kommunizieren. Z. B. die Soziologin und Communicator-Preisträgerin Jutta Allmendinger – im Interview mit *Wissenschaftskommunikation.de* erklärt sie: „Wir wollen die Ergebnisse unserer Forschung allen Menschen verständlich machen. Niemand ist zu dumm, wissenschaftliche Ergebnisse zu verstehen. Wenn es uns misslingt, Forschungsergebnisse verständlich darzustellen, dann sind wir die Dummen, nicht die anderen. [...] Das ist eine kommunikative Herausforderung für uns. Gerade auch bei der Verwendung einer nicht wissenschaftlichen Sprache. Dieser Transfer ist nicht immer einfach und er liegt uns auch nicht immer. Wir brauchen also den Mut des Abspeckens, der Konzentration auf das Wesentliche." [4] Ich hoffe sehr, dass sich Allmendingers Einstellung unter Wissenschaftlerinnen durchsetzt und Leonhardts Befund immer seltener zutrifft.

„Erklären heißt Einschränken."
Oscar Wilde (1854–1900) zugeschrieben[1], irischer Schriftsteller

„Man muß die Dinge so einfach wie möglich machen. Aber nicht einfacher."
Albert Einstein (1879–1955) zugeschrieben[2], Physiker

„Eine Wissenschaft, die nicht so einfach ist, dass man sie auf der Straße jedem erklären könnte, ist nicht wahr."
Max Planck (1858–1947) zugeschrieben[3], Physiker

Tipp 32: Kurze Sätze

Lange Gedankengänge in langen Sätzen sind schwer zu verstehen und eines der häufigsten Probleme, die ich bei meinen Medientrainings beobachte. Halten Sie sich an die Maxime: Ein Gedanke – ein Satz.

Formulieren Sie kurze Sätze – vor allem Hauptsätze, sporadisch Nebensätze. Vermeiden Sie insbesondere gedankliche Exkurse mitten im Satz (Schachtelsätze). Sie sollten einen Satz aussprechen können, ohne zwischendurch einzuatmen. Sonst ist er zu lang. Generell gilt: Gesprochene Sätze sollten kürzer sein als geschriebene.

Lange Sätze sind besonders dann schwer verständlich, wenn die Reihenfolge der Inhalte nicht linear ist. Versuchen Sie also, schwierige Sachverhalte Schritt für

---

[1]Für dieses Zitat konnte ich keine Primärquelle finden.
[2]Für dieses Zitat konnte ich keine Primärquelle finden.
[3]Für dieses Zitat konnte ich keine Primärquelle finden.

Schritt zu beschreiben und setzen Sie dabei die Inhalte in eine klare, möglichst lineare Reihenfolge. Dabei können Sie sich z. B. an der zeitlichen Abfolge oder einer Ursache-Wirkung-Abfolge orientieren.

Ein selbst erdachtes Beispiel: „Neben einem polarisierten Wahlkampf spielte für das gegenüber 2046 erheblich veränderte Wahlverhalten, das erst zwei Jahre später in einem Regierungswechsel mündete, ein höherer Anteil von Erstwählern eine wichtige Rolle."

Wenn man die Inhalte in eine neue Reihenfolge bringt und auf mehrere kurze Sätze verteilt, klingt der Text so: „Gegenüber 2046 änderte sich das Wahlverhalten erheblich. Dafür gab es zwei Gründe: Erstens ein polarisierter Wahlkampf und zweitens ein höherer Anteil von Erstwählern. Dieses veränderte Wahlverhalten mündete zwei Jahre später in einem Regierungswechsel." Die Ereignisse sind chronologisch von alt nach jung sortiert; erst eine Beobachtung, dann deren Ursachen, dann die Konsequenzen. Das ist keineswegs die einzig mögliche Reihenfolge. Aber ich hoffe, Sie stimmen mir zu: Der zweite Text ist wesentlich leichter zu verstehen als der erste.

Wie andere das machen

Der folgende Text stammt aus einem Interview des Journalisten Stefan Klein mit Diana Deutsch. Die Psychologin erforscht, wie wir Musik wahrnehmen. Sie spricht in kurzen, leicht verständlichen Sätzen. Stefan Klein: „Nur ein Mensch unter 10.000 besitzt das absolute Gehör."

Diana Deutsch: „In unserer Kultur. Aber wo die Menschen eine tonale Sprache wie Mandarin sprechen, ist das anders. Ich bemerkte das zufällig, als ich versuchte, chinesische Wörter nachzusprechen. Mein Gegenüber wusste nicht, was ich meine. Da versuchte ich es in einer anderen Tonlage. Plötzlich verstand er mich. So kam ich auf die Idee, zu untersuchen, wie häufig das absolute Gehör unter chinesischen und amerikanischen Musikern ist. Zwei Jahre lang fragte ich bei Konservatorien an, ob sie an der Studie teilnehmen wollten. Aber es war zum Verzweifeln: Hier in Amerika sagte man mir, dass die Erhebung unmöglich sei, weil selbst unter hochbegabten Studenten so gut wie niemand Tonhöhen auf Anhieb erkenne. Die Chinesen fanden mein Vorhaben unsinnig: Man wisse doch, dass Musiker diese Fähigkeit hätten! Schließlich fanden sich zwei Hochschulen. Heraus kam, was die Leute an den Konservatorien mir vorausgesagt hatten: In den USA hatte fast niemand das absolute Gehör, in China hatten es sehr viele." [16]

„Hauptsätze, Hauptsätze, Hauptsätze."
Kurt Tucholsky alias Peter Panter (1890–1935), Journalist und Schriftsteller, aus: „Ratschläge für einen *guten* Redner" [23].

„Short words, short sentences, short speeches."
John F. Kennedy (1917–1963) zugeschrieben[4], 35. Präsident der USA.

„Sprich mit langen, langen Sätzen – solchen, bei denen du, der du dich zu Hause, wo du ja die Ruhe, deren du so sehr benötigst, deiner Kinder ungeachtet, hast, vorbereitest, genau weißt, wie das Ende ist, die Nebensätze schön ineinandergeschachtelt, so daß der Hörer, ungeduldig auf seinem Sitz hin und her träumend, sich in einem Kolleg wähnend, in dem er früher so gern geschlummert hat, auf das Ende solcher Periode wartet ... nun, ich habe dir eben ein Beispiel gegeben. So mußt du sprechen."
Kurt Tucholsky alias Peter Panter (1890–1935), Journalist und Schriftsteller, aus: „Ratschläge für einen *schlechten* Redner" [23].

---

[4]Für dieses Zitat konnte ich keine Primärquelle finden.

Tipp 33: Worte bewusst wählen (Framing 1)

Sagen Sie „Klimawandel" oder „Klimaerwärmung"? Oder „Klimakrise", „Klimakatastrophe"? Je nachdem, wofür Sie sich entscheiden, senden Sie dem Zuhörer eine andere Botschaft. Sozialwissenschaftlerinnen nennen das *framing*. „Klimakatastrophe" ist wertend – das Wort allein drückt aus, dass es sich um etwas Negatives, nicht Wünschenswertes handelt. „Klimaerwärmung" ist konkreter als „Klimawandel", aber nicht immer korrekt – schließlich wird es mancherorts auch kälter.

Ihre Wortwahl entscheidet, welche Botschaft ankommt. Forscherinnen konnten z. B. zeigen, dass Probanden weniger Fleisch aßen, wenn sie häufig mit dem Wort „Rinderwahnsinn" konfrontiert waren. Der nüchternere Begriff „Creutzfeldt-Jakob-Krankheit" hatte keinen solchen Effekt [42]. Befürworter von Abtreibungsverboten sprechen häufig von getöteten „Babys", während Gegner lieber „Föten" sagen. Aus gutem Grund: Im Experiment beeinflusste allein die Wahl zwischen diesen zwei Wörtern die Meinung von Probanden zum Thema Abtreibung [43]. Wählen Sie Ihre Worte also bewusst.

Tipp 34: Bewusst formulieren (Framing 2)

Nicht nur die Wahl einzelner Worte (Tipp 33) beeinflusst die Wahrnehmung durch das Publikum, sondern auch die Art und Weise, wie ein Sachverhalt beschrieben wird – z. B. das Ergebnis einer Studie: „Wir stellten fest, dass über 50 % der Gläser noch halb voll waren" versus „Wir stellten fest, dass alle Gläser halb leer oder sogar ganz leer waren." Beide Aussagen beschreiben dieselbe Beobachtung (siehe Grafik), implizieren aber eine gegensätzliche Wertung.

Ein weiteres Beispiel: „Wir fanden mehr Insekten in den Städten als auf dem Land" (schön, dass es so viele Insekten in der Stadt gibt!) versus „Wir fanden weniger Insekten auf dem Land als in den Städten" (schlimm, wie wenige Insekten es auf dem Land gibt!).

Sowohl über die Auswahl der Inhalte (Tipp 5) als auch ihr *framing* können Sie ein und denselben Satz an Daten ganz unterschiedlich aussehen lassen. Sie sollten verantwortungsvoll mit dieser Macht umgehen.

Tipp 35: Konkret sein (zum Beispiel mit Beispielen)

Menschen lieben das Konkrete. Viele Wissenschaftlerinnen sind es dagegen gewohnt, abstrakt zu denken und zu formulieren. Kommen Sie Ihrem Publikum entgegen; werden Sie konkret. Oft reicht es schon, Beispiele zu bringen. Wenn Sie an Orten in der ganzen Welt arbeiten, benennen Sie welche: „z. B. in Rom und Budapest". Wenn Sie zeitgenössische, deutsche Literatur erforschen, nennen Sie ein paar bekannte Autoren: „z. B. Juli Zeh oder Bernhard Schlink".

Haben Sie keine Angst, verallgemeinernde Begriffe durch konkrete zu ersetzen (oder zu ergänzen) – auch wenn diese nicht alles abdecken: Sagen Sie „Äcker und Wiesen" statt „landwirtschaftliche Flächen"; sagen Sie „Tisch und Stühle" statt „Möbel"; sagen Sie „Italienisch und Chinesisch" statt „Fremdsprachen"; sagen Sie „Bienen und Schmetterlinge" statt „Fluginsekten" (oder gar „Naturkapital"). Das Konkrete steht hier für das Ganze – ein Stilmittel, das die Rhetorik „Pars pro Toto" nennt).

Was sehen Sie hier?

A	**Käfer und Biene**
B	**Fluginsekten**
C	**Naturkapital**

Zeichnen Sie konkrete Bilder im Kopf Ihrer Zuhörer, indem Sie Abläufe anschaulich erzählen und den Dingen ein Gesicht geben.

Wie andere das machen

Im Interview mit *radioeins (RBB)* schildert die Wissenschaftlerin Pia Backmann einen von ihr untersuchten Prozess so: „Sie [die Tabakpflanze] lockt eine kleine Wanze an – die heißt *Geocoris* – die hat zwei große Augen, einen Rüssel, sieht ganz niedlich aus – und die saugt mit ihrem langen Rüssel die Raupe bei lebendigem Leibe aus." [44] Eine schlichte Schilderung – aber wir können uns Geschehen und Wanze gut vorstellen.

Auch die Medizinerin Giulia Enders erzählt in ihrem Hörbuch *Darm mit Charme* sehr bildhaft – z. B., wo unser Speichel herkommt: „Aus den zwei Öffnungen unter der Zunge fließt der Speichel die ganze Zeit. Würde man in diese Öffnungen eintauchen und gegen den Speichelstrom schwimmen, käme man zu den Chef-Speicheldrüsen. Sie produzieren den meisten Speichel – etwa 0,7 bis 1 Liter pro Tag." Die Vorstellung, unter der Zunge tauchen zu gehen, erzeugt interessante Bilder vor unserem inneren Auge [36].

Die Biologin Myriam Hirt hat in ihrer Doktorarbeit untersucht, wie die Größe unterschiedlichster Tierarten mit ihrer Maximalgeschwindigkeit zusammenhängt [45]. In ihren Vorträgen für Laien redet die Wissenschaftlerin aber erst einmal nicht von abstrakt-generischen Zusammenhängen, sondern stellt beispielhaft voran, wie schnell *Tyrannosaurus rex* maximal rennen konnte [46]. Ein raffinierter Kniff, denn mit *T. rex* haben wir sofort ein konkretes Bild vor Augen. Hirt hätte beliebige andere Tierarten in den Vordergrund stellen können, aber *T. rex* fasziniert uns besonders, und wir können uns ausmalen, ob wir ihn im 100-Meter-Rennen hätten schlagen können.

Wenn Sie anschaulich erzählen, auf unnötige Abstraktionen verzichten und Beispiele bringen, kann das übrigens Zeit kosten. Aber für den „guten Zweck" ist das völlig okay (Tipp 47).

Auch in den folgenden Zitaten nutzen Wissenschaftlerinnen und Wissenschaftler Beispiele, um ihre Themen zu veranschaulichen:

Der Historiker Yuval Noah Harari beschreibt in seinem Hörbuch *21 Lektionen für das 21. Jahrhundert,* wie Künstliche Intelligenz in Zukunft menschliche Berufe ablösen könnte. Er spricht dabei nicht allgemein von der Gesamtheit aller gefährdeten Berufe, sondern von drei konkreten, nämlich Fahrer, Bankangestellter und Anwalt (Pars pro Toto). Auch die von diesen Personen zu bewältigenden Aufgaben beschreibt er beispielhaft und sehr konkret: „Viele Arbeitsbereiche – etwa ein Fahrzeug durch eine Straße voller Fußgänger zu steuern, fremden Menschen

Geld zu leihen und einen Geschäftsabschluss auszu-handeln – erfordern die Fähigkeit, die Emotionen und Wünsche anderer Menschen richtig einzuschätzen. Wird dieses Kind da gleich auf die Straße rennen? Will der Mann dort drüben im Anzug an mein Geld und damit verschwinden? Meint der Anwalt der Gegenseite seine Drohungen ernst oder blufft er nur? [...]" Harari arbeitet wiederholt mit diesen drei anschaulichen Berufen. Dass sie nur Beispiele sind, ist für den Zuhörer offensichtlich [5].

Die Archäologin Alexandra Busch erklärt im Interview mit dem Magazin *leibniz:* „Ein Faktor, der die psychische Widerstandskraft erhöht, scheint die soziale Identität eines Menschen zu sein: das Gefühl, zu einer gesellschaftlichen Gruppe zu gehören. In der Antike war das zum Beispiel die berittene Leibgarde des römischen Kaisers. Deren Mitglieder kamen aus dem ganzen Römischen Reich, waren fern von zu Hause und hatten dann diese Einheit als Bezugspunkt und machten dies auch optisch deutlich. Heute erfüllen zum Beispiel Fußballclubs diese Funktion. Die Mitglieder eines Fanclubs stehen dem Einzelnen zwar nicht automatisch bei persönlichen Rückschlägen bei; dennoch hilft die Zuordnung zur Fangruppe offen-bar, besser mit Krisen, etwa Abstieg, zurechtzukommen." Busch gibt in dieser kurzen Ausführung gleich dreimal ein Beispiel (berittene Leibgarde, Fußballclubs, Abstieg) [47].

Der Biologe Torsten Halbe erklärt im Interview mit *spiegel.de,* was unserem Wald schadet und gibt am Ende ein konkretes Beispiel: „Die größten Schäden sind in den vergangenen Jahren durch extremes Wetter entstanden. Dabei gibt es einen direkten und indirekten Effekt. So können Hitze und Trockenheit direkt dazu führen, dass Bäume an Wassermangel sterben. Andererseits sorgt die Erwärmung aber auch dafür, dass in unseren Breiten jetzt Schädlinge vorkommen, die es hier vorher nicht gab. Auch die Verteidigungsfähigkeit von Bäumen gegen Schädlinge leidet: Z. B. kann sich die Fichte bei feuchtem Wetter mit Harz gegen Schädlinge wehren, aber in Dürrejahren klappt das nicht." [48]

Wie man schön mit Beispielen arbeiten bzw. besonders konkret und anschaulich erklären kann, zeigen auch die Äußerungen von Dunja Baston-Büst (Tipp 26), Julia Becker (Tipp 47 und Tipp 48), Madelaine Böhme (Tipp 56), Alexander Gerst (Tipp 48), Yuval Noah Harari (Tipp 29), Stephen Hawking (Tipp 31), Mai Thi Nguyen-Kim (Tipp 31 und Tipp 28), Paul Schmid-Hempel (Tipp 54 und Tipp 29), Katharina Schaar (Tipp 49), Wolf Singer (Tipp 31) und Christian Wirth (Tipp 48).

> „Wer den Regentropfen erklären kann, kann auch das Meer erklären."
> Selma Lagerlöf (1858–1940) zugeschrieben[5], schwedische Schriftstellerin und Kinderbuchautorin, Nobelpreisträgerin für Literatur 1909

Tipp 36: Fakten sind nicht gefragt ... eigentlich

Ein guter Journalist lässt Sie nicht die nüchternen Fakten erklären – das kann er selbst besser. Denn es ist die Kernkompetenz eines Journalisten, genau (**accurate**),

---

[5]Für dieses Zitat konnte ich keine Primärquelle finden.

kurz (**b**rief) und klar (**c**lear) zu formulieren. Zu den „nüchternen Fakten" gehören z. B. allgemeines Fachwissen, Methoden oder Ergebnisse. Rechnen Sie damit, dass der Journalist Sie stattdessen zu folgenden Bereichen befragt:

- Ihre Sichtweise aufs Thema: Interpretation, Einschätzung, Zusammenhänge, Bewertung von Ergebnissen sowie Einordnung ins „große Ganze" (Bedeutung)
- Relevanz Ihrer Forschung
- Konkrete Ereignisse, Erlebnisse, Erfahrungen und Einsichten während der Forschungsarbeiten: besondere Vorfälle, Probleme und Misserfolge, Ungewöhnliches, Anekdotenhaftes.
- Emotionales und Persönliches (manchmal auch Privates – überlegen Sie sich vorab, ob Sie darüber reden möchten)
- Ihre persönliche Meinung (z. B. zu umstrittenen Fragen, die mit Ihrer Forschung zu tun haben)
- Ihre Prognose zum Forschungsgebiet, z. B. zur potenziellen Bedeutung in der Zukunft: Nutzen, Anwendungen, Relevanz

Das Nüchtern-Faktische dagegen ist eigentlich Sache des Journalisten. Natürlich wird er sich auch das von Ihnen erklären lassen (im Hintergrundgespräch), aber im Bericht selbst formulieren. So wäre es jedenfalls gute Praxis. Gelebte Praxis ist allerdings, dass viele Journalisten Sie auch Ihr Forschungsgebiet selbst erklären lassen (Tipp 37). Gerade in Wortlautinterviews kommt das häufiger vor: In diesen stellt der Journalist in der Regel nur die Fragen und es bleibt wenig Raum für Erklärungen seinerseits (obwohl es auch hier meistens begleitende Texte oder eine Anmoderation gibt).

Wie andere das machen

Im folgenden *tagesschau.de*-(Wortlaut-)Interview zielt die erste Frage auf das Forschungsobjekt: „Was versteht man unter E-Fuels?" Der Ingenieur Michael Sterner weiß sie gut zu beantworten:

„Das sind Flüssigkraftstoffe oder Gaskraftstoffe, die wir aus Strom, Wasser und CO_2 herstellen. Der technische Kernprozess ist die Elektrolyse. So erhalten wir Benzin, Diesel oder Gas, ohne dafür Erdöl, Erdgas oder Kohle zu brauchen. Und das Praktische ist: Man kann diese Kraftstoffe mit den vorhandenen Technologien nutzen, d. h., man braucht dafür kein neues Auto kaufen, keine neuen Motoren und keine extra Tankstellen bauen."

In einem Bericht hätte diese Erklärung typischerweise der Journalist übernommen. Eine spätere Frage im selben Interview ist dagegen eine, deren Beantwortung man gerne einer Fachperson überlässt, denn es geht um Bewertung:

tagesschau.de: „Aber warum sollte das sinnvoll sein, wenn dieser Kraftstoff so ineffizient ist?"

Michael Sterner: „Mit diesem Argument müssten wir alle Autos mit Verbrennungsmotor aus dem Markt nehmen. Etwa drei Viertel der getankten Energie werfen wir weg, nur ein Viertel schiebt das Auto an. Wir nutzen diese ineffiziente Technologie seit 100 Jahren. Ähnlich ist es bei Kohle- oder Atomkraftwerken, die auch nur einen Wirkungsgrad von 30 bis 40 % haben, die neueren etwas mehr. Der Wirkungsgrad bei Power-to-Gas oder Power-to-Liquid ist also nicht so ungewöhnlich. Mal ganz davon abgesehen, dass die Forschung gerade dabei ist, hier modernere Verfahren zu entwickeln, die den Wirkungsgrad weiter steigern und die Kosten senken werden." [49]

Zitate in Berichten sind naturgemäß kürzer als Antworten in Wortlautinterviews. In dem folgendem Beispiel – einem Bericht der *ZEIT* – geht es um invasive europäische Regenwürmer, die sich in nordamerikanischen

Laubwäldern massenhaft vermehren und ausbreiten. Dem Biologen Nico Eisenhauer obliegt nicht das Erklären des Phänomens, sondern u. a. das Beschreiben eines persönlichen Erlebnisses. In dem Bericht heißt es: „Um die Würmer aus dem Untergrund zu locken und zu zählen, leiten Wissenschaftler Strom oder Senflösung in die Erde, die Tiere verlassen dann ihre Röhren. ‚Als ich das zum ersten Mal getan habe und die Würmer nach oben kamen, hat sich der ganze Boden bewegt‘, sagt Eisenhauer. ‚Das war gruselig.‘" [50]

Welche Frage Eisenhauer eigentlich gestellt wurde (wenn überhaupt), können wir dem fertigen Bericht nicht entnehmen. Anders bei dem Beispiel aus Tipp 64: „Insektensterben, gibt es das, Sepp?" Hier geht es um die persönliche Einschätzung des Wissenschaftlers – eine Frage aus den oben genannten Bereichen, mit der Sie rechnen müssen.

> „Wissenschaft besteht aus Fakten wie ein Haus aus Backsteinen, aber eine Anhäufung von Fakten ist genauso wenig Wissenschaft wie ein Stapel Backsteine ein Haus ist."
> Henri Poincaré (1854–1912) zugeschrieben[6], Mathematiker, Physiker, Astronom und Philosoph

---

[6]Für dieses Zitat konnte ich keine Primärquelle finden.

Tipp 37: Fragen

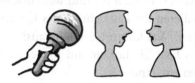

Die folgenden Fragen habe ich in diesem Buch zitierten Interviews entnommen. Sie sollen einen Eindruck vermitteln, womit Sie in Interviews und Gesprächsrunden rechnen können:

- Wie fühlt man sich, wenn man bei einem Ereignis dabei ist, bei dem so viel auf dem Spiel steht?
- Worauf freuen Sie sich denn am meisten in den kommenden Monaten?
- Was sind die drängendsten Fragen, die das Projekt beantworten kann?
- Wenn Sie Ihren Blick in die Zukunft richten – wie wird das Projekt in zehn Jahren aussehen?
- Welche Gründe gibt es dafür?
- Was macht Sie so sicher?
- Woran forschen Sie?
- Wie ist dazu der Erkenntnisstand in der Wissenschaft?
- Halten Sie diese Schlussfolgerung für plausibel?
- Warum sollte das sinnvoll sein?
- In den vergangenen Jahren entsteht der Eindruck, die Wissenschaft gerate auch durch solche Diskussionen immer wieder in die Defensive. Was können Forscher dagegen tun?
- Was genau passiert bei der Drohnen-Lokalisation?
- Weiß eigentlich irgendjemand, was genau Intelligenz ist?
- Insektensterben, gibt es das?
- Ist es jetzt gut oder schlecht, wenn wir z. B. die Buchenwälder sich selbst überlassen?

- Worin besteht Ihre Aufgabe am Institut konkret?
- Wann ist der Mensch tot und wer entscheidet das?
- Sie simulieren die Entstehung des Universums mit dem Computer. Was kommt dabei heraus?
- Und was lässt Sie hoffen, auf manchen dieser Planeten sei Leben entstanden?
- Das Land fährt gerade herunter. Kitas und Schulen sind seit dieser Woche bundesweit geschlossen. Reagiert die Politik im Moment angemessen?
- Was wäre, wenn Sie jetzt einen Wunsch hätten, wie es richtig wäre. Was wäre es?
- Müssen Sie sich ein dickeres Fell zulegen?
- Stimmen Sie zu?

Nicht immer stellt der Journalist tatsächlich eine Frage, manchmal macht er auch nur eine Aussage und die Wissenschaftlerin reagiert darauf. Bei vielen guten Interviews entsteht so ein Dialog auf Augenhöhe. Die Interviews von Stefan Klein sind ein gutes Beispiel dafür [35].

Tipp 38: Nicht alles beantworten

Es kann passieren, dass Ihnen ein Journalist eine Frage stellt, zu der Sie sich ungern äußern wollen. Wenn es beispielsweise um Ihre Meinung zu emotional aufgeladenen Themen wie Abtreibung, Migration oder Grüner Gentechnik geht. Ich denke, grundsätzlich sollten Sie auch für solche Fragen offen sein (sofern sie etwas mit Ihnen bzw. Ihrer Forschung zu tun haben). Wenn Sie jedoch das Gefühl haben, dass Sie instrumentalisiert werden oder man Ihnen etwas in den Mund legen will, dann lassen Sie es. Erklären Sie jedoch immer, *warum* Sie eine Frage nicht beantworten. Ein schlichtes „Kein Kommentar" kann schlecht rüberkommen. Und nur in Extremfällen sollten Sie ein Interview ganz abbrechen (Tipp 7).

Oft ist es eleganter, eine Frage nicht zurückzuweisen, sondern anders zu beantworten als vom Journalisten intendiert (Tipp 26 und Tipp 24).

Wahrscheinlicher als Fragen zu sensiblen Themen sind solche, die das Feld Ihrer Expertise verlassen. Stellen Sie in solchen Fällen klar, dass Ihre Kolleginnen mehr dazu sagen können. Lassen Sie sich nicht auf wackeliges Terrain drängen. Setzen Sie lieber proaktiv eigene Themen.

Wenn Sie repräsentative Aufgaben in Ihrer Institution wahrnehmen, dann müssen Sie sich wahrscheinlich auch zu Themen äußern, die nicht in Ihrer Kernexpertise liegen. Das bedeutet dann intensives Einarbeiten. Aber auch hier gilt: Die Details überlassen Sie besser den Fachkolleginnen. Zu diesem Thema empfehle ich auch das Interview mit Dorothea Kübler und das Interview mit Christian Wirth in diesem Buch.

Wie andere das machen

Christian Drosten forscht nicht an Impfstoffen gegen Coronaviren. Trotzdem spricht der Virologe im Interview mit dem *NDR* über dieses Thema. Er fühlt sich dafür firm genug, stellt aber gleichzeitig klar, dass es nicht seine Kernexpertise ist. Er sagt: „Ich muss hier übrigens wieder mal dazu sagen, ich bin kein Impfstoffforscher, ich bin ein allgemeiner Wald- und Wiesen-Virologe, vielleicht mit Spezialkenntnissen zu epidemischen Coronaviren. Aber die Impfstoffforschung, Entwicklung von Impfstoffen, wird immer mehr zu einer eigenen Wissenschaft. Da stecke ich nicht mittendrin. Aber nachdem ich das jetzt gesagt habe: Es gibt eben Impfstoffforscher, die sich damit viel besser auskennen als ich." [51] Ich finde diese transparente Art der Kommunikation vorbildlich.

Bei einer Pressekonferenz wurde Fußballtrainer Jürgen Klopp gefragt, ob er und sein Verein sich Sorgen machten wegen des Coronavirus. Nun fühlte sich Klopp für dieses Thema aber nicht zuständig, wie er in seiner Antwort klar zum Ausdruck brachte: „Look, what I don't like in life is that (for) a very serious thing, a football manager's opinion is important. I don't understand it. I really don't understand it. Could ask you, you are in exactly the same role as I am. So it's not important what famous people say. We have to speak about things in the right manner, not people with no knowledge, like me, talking about something. People with knowledge should tell the people: do this, do that, do this, and everything will be fine, or not. Not football managers. I don't understand politics, coronavirus … why me? I wear a baseball cap and have a bad shave. […] my opinion about corona is not important." [52]

Tipp 39: FAZ oder BILD

12 Wörter umfasst ein durchschnittlicher Satz auf *bild.de*, 22 auf *faz.net* (eigene Zählung in wissenschaftsnahen Texten). Schauen Sie sich das Medium an, für das Sie ein Interview geben sollen. Lesen Sie möglichst Berichte des Journalisten, der Sie interviewen wird. Was für Fragen stellt er normalerweise? Wie kritisch ist er? Wie wissenschaftsnah? Wie anspruchsvoll ist die Sprache? Können Fachbegriffe verwendet werden? …

Stellen Sie sich entsprechend darauf ein. Bei Boulevard-Medien ist die Gefahr größer, dass Ihre Aussagen verfälscht wiedergegeben werden. Beschränken Sie sich deshalb auf wenige, klare, möglichst knackige Hauptaussagen (Tipp 14). Versuchen Sie vorauszuahnen, wo mögliche Missverständnisse lauern und kommunizieren Sie ggf. proaktiv auch, was Ihre Aussagen *nicht* bedeuten.

Tipp 40: Nicht gleich loslegen

In meinen Medientrainings habe ich den Teilnehmerinnen immer empfohlen, nicht sofort zu antworten, wenn der Journalist eine anspruchsvolle Frage stellt: „Überlegen Sie erst in Ruhe, bevor Sie antworten. Im Radio oder Fernsehen wird das Interview sowieso geschnitten – außer beim Live-Interview." Die Teilnehmerinnen haben das in den Übungen aber fast nie gemacht, egal wie gut sie die Zeit hätten gebrauchen können.

Neuerdings *„müssen"* die Kursteilnehmerinnen drei Sekunden warten, bevor Sie antworten – *immer* – auch dann, wenn die Frage leicht zu beantworten ist. Auf diese Weise gewöhnen sie sich an, sich Zeit zu nehmen und schießen auch dann nicht sofort los, wenn die Frage tatsächlich schwierig ist – so jedenfalls meine Hoffnung. Seitdem ich diesen „Zwang" eingeführt habe, bekomme ich dafür sehr positive Rückmeldungen von den Teilnehmerinnen.

Der Vorteil liegt nicht nur in der zusätzlichen Zeit zum Überlegen: Wenn Sie sich Zeit nehmen, werden Sie auch automatisch souveräner wirken. Denn Sie senden eine klare Botschaft aus: „Mich bringt nichts so leicht aus der

Ruhe." Diese Wirkung ist noch stärker, wenn Sie zusätzlich langsam sprechen (Tipp 67).

Tipp 41: Keine Angst vor Fehlern

Wenn Sie sich im Interview versprechen oder Ihnen eine Formulierung misslingt, ist das in der Regel kein Problem. Setzen Sie einfach noch mal neu an. Aufgezeichnete Radio- und Fernsehinterviews werden in der Regel geschnitten. Bitten Sie den Journalisten, dass er eine bestimmte Aussage oder Aufnahme verwerfen bzw. verwenden soll. Wenn Sie zuvor ein vertrauensvolles Verhältnis aufgebaut haben (Tipp 12), wird er das sicher tun.

Es leuchtet ein, dass Versprecher in einem Live-Interview nicht a posteriori entfernt werden können. Hier brauchen Sie eine andere Strategie (Tipp 24).

Tipp 42: Dieselbe Frage noch mal

In einem Radio- oder Fernsehinterview kann es passieren, dass der Journalist Ihnen die gerade erst beantwortete Frage erneut stellt. Das kann zwei Gründe haben: Entweder hat ihm die Antwort nicht gefallen oder er will „zur

Sicherheit" etwas mehr Auswahl für den Schnitt haben. Beides kommt häufig vor. Lassen Sie sich also nicht verunsichern.

Tipp 43: Vergleiche und Metaphern (Bildhafte Sprache 1)

Wie gesagt: Bilder prägen sich ein (Tipp 35). Erzeugen Sie welche im Kopf Ihres Zielpublikums mithilfe von Metaphern und Vergleichen. Verwandeln Sie Abstraktes in Konkretes.

Metaphern und Vergleiche gehören zu den wertvollsten Mitteln guter Wissenschaftskommunikation und erklären sich am besten mit vielen Beispielen.

Wie andere das machen

„Myelin umgibt die Nervenfasern und wirkt wie eine elektrische Isolierung." Mit diesem Vergleich erklärt KlarText-Preisträgerin Tineke Steiger einen Fachbegriff und verknüpft ihn schön mit einem bekannten Alltagsobjekt [53].

Auch Mai Thi Nguyen-Kim beschäftigt sich mit Nervenzellen. Sie erklärt biochemische Vorgänge im synaptischen Spalt zwischen zwei Zellen mithilfe eines Vergleichs: „Über diesen Spalt werden Neurotransmitter-Moleküle von einer Nervenzelle zur anderen geschossen und parken auf der anderen Seite in sogenannte Rezeptoren ein. Man kann sich Rezeptoren tatsächlich vorstellen wie einen Parkplatz, und zwar einen reservierten, wo nur bestimmte Moleküle andocken können. Dieses Andocken am Rezeptor führt dann entweder zu einer Aktivierung oder einer Hemmung des Signals." [9] Reservierte Parkplätze kennen wir aus unserem Alltag – der Vergleich ist auch deshalb leicht zu verstehen.

Die Physikerin Pia Backmann vergleicht im Interview mit *radioeins (RBB)* agentenbasierte (Computer-)Modelle mit einer Vielzahl interagierender Tamagotchis [44]. Ein gelungener Vergleich, der das Verständnis wirklich erleichtert.

Für Dokumentarfilmer Michael Wech sind zunehmende Antibiotikaresistenzen „wie ein Tsunami in Zeitlupe" [54]. Eine Gefahr, die vielen abstrakt erscheint, wird vor dem inneren Auge zu einer bedrohlichen Riesenwelle. Der Metapher des Tsunamis begegnet man in letzter Zeit allerdings immer öfter, wodurch sie an Kraft verliert.

Im *BBC*-Interview bezeichnet der Biologe E. O. Wilson die abstrakte Biosphäre unseres Planeten als „razor-thin layer of organisms" (hauchdünne Schicht von Lebewesen). Gleichzeitig zeichnet er diese mit Daumen und Zeigefingern kreisförmig in die Luft. Großartig! [55]

Wissenschaftlerinnen diskutieren ein komplexes Problem der Astrophysik unter der anschaulichen Frage, ob Schwarze Löcher Haare haben oder glatzköpfig sind („no-hair theorem"). Die Haare sind dabei eine Metapher für Unterscheidungsmerkmale zwischen Schwarzen Löchern. Dieses Beispiel zeigt besonders deutlich, dass Metaphern und Vergleiche einen Sachverhalt meistens erheblich vereinfachen.

Die Metapher „Blase" beschreibt abstrakte Phänomene sowohl in der Ökonomie („Spekulationsblase") als auch in den Medienwissenschaften („Filterblase"). Sie ist in den allgemeinen Sprachgebrauch übergegangen und muss nicht näher erläutert werden.

Der Virologe Christian Drosten findet zu Beginn der Coronakrise 2020 einen anschaulichen Vergleich für die neue, ungewohnte Situation. Er sagt im Interview mit dem *NDR:* „Sie müssen sich das so vorstellen: Sie sind im Sommer auf einer Wiese, die ist mit Stroh bestreut und nebenan grillt jemand. Und dauernd fliegen irgendwelche Funken in das Stroh, und da können Sie jetzt im Moment noch drauftreten. Das ist das, was wir jetzt machen können, indem wir Veranstaltungen absagen, die nicht notwendig sind für das gesellschaftliche Leben." Der Vergleich ist gut gewählt: Mit Feuer sind wir vertrauter als mit Viren und es repräsentiert gut die reale Gefahr [22].

Richard Dawkins arbeitet in seinem berühmten Buch *Das egoistische Gen* viel mit Metaphern. Zu Beginn des Kapitels „Die unsterblichen Spiralen" – gemeint sind DNA-Moleküle – führt er einen ganzen Satz von Metaphern ein: „Ein menschlicher Körper besitzt im Durchschnitt eine Billiarde Zellen, und jede einzelne – mit einigen Ausnahmen, die wir vernachlässigen können – enthält eine vollständige Kopie der DNA dieses Körpers. Man kann diese DNA als einen Satz von Instruktionen auffassen, die im Nucleotidalphabet A, T, C, G aufgezeichnet sind und angeben, wie ein Körper gemacht werden soll. Es ist so, als ob es in jedem Raum eines gigantischen Gebäudes einen Bücherschrank gäbe, der die Pläne des Architekten für das gesamte Gebäude enthält. Der „Bücherschrank" in einer Zelle heißt Zellkern oder Nucleus. Die Baupläne sind beim Menschen auf 46 Bände verteilt – die Zahl ist je nach Art verschieden. Die „Bände" heißen Chromosomen. Sie sind unter dem Mikroskop als lange Fäden zu erkennen, in denen die Gene aneinandergereiht sind. Es ist nicht leicht und möglicherweise noch nicht einmal sinnvoll, zu entscheiden, wo ein Gen aufhört und das nächste anfängt. Glücklicherweise ist das, wie wir in diesem Kapitel sehen werden, für unsere Zwecke nicht von Bedeutung.

Ich werde mich auch weiterhin der bildhaften Sprache bedienen und diese nach Belieben mit der Sprache der Realität vermischen. Das Wort „Band" wird gleichbedeutend mit „Chromosom" verwendet, „Seite" einstweilen mit Gen gleichgesetzt, obwohl die Gene weniger deutlich voneinander getrennt sind als die Seiten eines Buches. Mit diesem Vergleich kommen wir ziemlich weit. Wenn er uns schließlich nicht mehr weiterhilft, werde ich andere Bilder einführen. Nebenbei gesagt gibt es selbstverständlich keinen Architekten: Die Instruktionen der DNA wurden von der natürlichen Selektion zusammengestellt." [56]

„Gott würfelt nicht." – eine der bekanntesten Metaphern, die je ein Wissenschaftler geprägt hat. Ob Albert Einstein sie in diesem Wortlaut formuliert hat, ist nicht sicher. Interessanter ist, dass selbst die von ihm intendierte Bedeutung dieses Bonmots umstritten ist. Meine Schlussfolgerung: Nutzen Sie Metaphern, die möglichst eindeutig sind.

Zwei ungewöhnliche und gleichzeitig schöne Vergleiche nutzt Murray Gell-Mann in Tipp 54.

Quantitative Vergleiche finden Sie in Tipp 48.

> „Sollen sich auch alle schämen, die gedankenlos sich der Wunder der Wissenschaft und Technik bedienen, und nicht mehr davon geistig erfasst haben als die Kuh von der Botanik der Pflanzen, die sie mit Wohlbehagen frisst."
> Albert Einstein (1879–1955), Physiker [57]

> **Fachbegriffe als Metaphern**
>
> Manche Fachbegriffe aus der Wissenschaft sind selbst zu Metaphern des alltäglichen Sprachgebrauchs geworden, z. B. „Epizentrum" oder das Januswort „Quantensprung". Aber überstrapazieren Sie solche gängigen Metaphern nicht, sonst verlieren sie ihre Kraft.

Tipp 44: „Meine Forschung ist wie ..." (Übung)

Gute Wissenschaftskommunikatorinnen arbeiten viel mit Vergleichen und Metaphern (Tipp 43). Als Rezipienten fällt uns dieses wirksame rhetorische Mittel oft gar nicht auf. Eine Übung für Sie: Kreieren Sie einen Vergleich für Ihr eigenes Forschungsfeld. Physik ist wie ... Soziologie ist wie ... Kunstgeschichte ist wie ... Puzzeln bei schlechtem Licht ... eine Ameise auf einem Wolkenkratzer ... ein Kaffeekränzchen um Mitternacht ... Es folgt die Begründung.

Lassen Sie Ihrer Fantasie freien Lauf, stellen Sie Ihren inneren Zensor vorübergehend aus. Vielleicht kommt etwas Schönes dabei heraus.

Für das Forschungsfeld Biodiversität hört man z. B. häufig diese zwei Vergleiche:

„Biodiversität ist wie ein Eisberg: Wir kennen nur die wenigen Arten auf der Spitze, die darunter liegenden über 90 % der Arten, Nahrungsnetze und biologischen Prozesse sind weitgehend unerforscht." Der Eisberg ist ein schönes und konkretes, aber viel bemühtes Bild.

Oder: „Eine hohe Biodiversität ist wie eine Lebensversicherung für uns und künftige Generationen: Sie mindert das Risiko beim Ausfall einer Art, da sie die Wahrscheinlichkeit erhöht, dass eine andere Art vorhanden ist, die diese zumindest teilweise ersetzen kann."

Beide Vergleiche schlagen Brücken zu Bekanntem und funktionieren grundsätzlich sehr gut.

Alternativ schlage ich folgenden Vergleich vor, der deutlich macht, dass hinter dem abstrakten Konzept „Biodiversität" Bewegung und Leben steckt: „Biodiversität ist wie *Der Herr der Ringe* ohne Ton: unzählige Mitspieler, aber man versteht nicht richtig, wer welche Rolle spielt und wie alles zusammenhängt."

Die drei Metaphern beleuchten verschiedene Aspekte von Biodiversität und haben jeweils ihre Stärken.

Tipp 45: Sprachbilder (Bildhafte Sprache 2)

Sprachbilder und redensartliche Metaphern sprechen unsere Sinne an und machen Ihre Sprache lebendig. Die Möglichkeiten sind schier unerschöpflich. Z. B. könnten Sie folgende Sprachbilder nutzen, wenn Sie über den Prozess der Forschungsarbeit sprechen:

- eine harte Nuss knacken
- die Nadel im Heuhaufen suchen

- im Dunkeln tappen
- den Wald vor lauter Bäumen nicht sehen
- das Licht am Ende des Tunnels
- Strahlkraft haben
- das Handtuch werfen
- den Schlüssel gefunden haben
- etwas im Schlaf können
- sich die Zähne an etwas ausbeißen,
- eine schwere Geburt werden
- ein Jungbrunnen für jemanden sein
- auf dünnem Eis bewegen
- eine Hürde überwinden
- verfangen sein im Knäuel
- auf dem Holzweg sein
- (Daten) zusammenkratzen
- mit Kanonen auf Spatzen schießen
- auf die richtige Karte setzen
- auf der richtigen Spur sein
- den richtigen Riecher haben
- einer Sache auf die Schliche kommen
- den Jackpot knacken

Für die rhetorisch Ehrgeizigen unter Ihnen: Nutzen Sie in Ihrem Vortrag Sprachbilder, die alle ein gemeinsames Leitthema haben. Z. B. Licht: von „im Dunkeln tappen" und „ans Licht bringen" bis „in den Schatten stellen". Oder Leben: von „mit einer Idee schwanger gehen" bis „in die Jahre kommen". Beim Finden passender Sprachbilder hilft ein entsprechendes Wörterbuch (z. B. *Das Sprachbilder-Wörterbuch* von Petra Winkler [58]).

Sie sollten es aber nicht übertreiben. Redensartliche Metaphern sind schön, wenn man sie in Maßen einsetzt, wenn sie wirklich passen und nicht allzu „gewollt" wirken.

Wie andere das machen

Die Biochemikerin Gerty Cori spricht unseren Sehsinn und gleichzeitig unsere Emotionen an, wenn sie sagt: „Für einen Forscher sind die unvergessenen Momente seines Lebens jene seltenen, die nach Jahren mühsamer Arbeit entstanden sind, wenn das Geheimnis um die Natur plötzlich gelüftet ist und wenn das, was dunkel und chaotisch war, in einem klaren und schönen Licht und Muster erscheint." [59]

Ähnlich der Biochemiker und bekannte Science-Fiction-Autor Isaac Asimov, dem dieses Zitat zugeschrieben[7] wird: „Deine Annahmen sind Deine Fenster zur Welt. Schrubbe sie gelegentlich ab, sonst kommt das Licht nicht rein." (eigene Übersetzung)

Tipp 46: Kürzen oder nicht kürzen? (optimale Informationsdichte)

Die Aufmerksamkeitsspanne der Menschen ist kürzer geworden. Vermutlich sind Social Media mitverantwortlich – bei Twitter und YouTube ist Kürze oberstes Gebot. Auch mich stört es, wenn Leute nicht zum Punkt kommen. Es gäbe viele Beispiele für unnötig lange Auftritte.

Wenn Sie einen Vortrag vorbereiten, dann prüfen Sie bis zuletzt, wo Sie noch kürzen können. Aber: Nicht immer ist Kürzen die Option der Wahl. Unter zu rigorosem Kürzen

---

[7]Für dieses Zitat konnte ich keine Primärquelle finden.

können leiden: die Verständlich- und Erinnerbarkeit (Tipp 47 und Tipp 14), die Lebendig- und Unterhaltsamkeit (Tipp 52) und die Anschaulichkeit (Tipp 43).

Entscheidend ist, dass die Informationsdichte stimmt, sodass Sie Ihr Publikum weder überfordern noch langweilen.

Tipp 47: Nützliche Redundanz (oder Ausführlichkeit)

In diesem Ratgeber plädiere ich an mehreren Stellen für Kürze. Aber manchmal kann Kürze einem guten Verständnis auch entgegenstehen. Ein komplizierter Sachverhalt – in einem einzigen Satz klug und prägnant auf den Punkt gebracht – wird vielleicht nicht sofort verstanden. In der schriftlichen Kommunikation ist das kein Problem. Der Leser kann im Text zurückspringen und sich Zeit zum Nachdenken nehmen. Beim Hören eines Vortrags oder Interviews geht das nicht.

Hier können Wiederholung und Redundanz helfen, um gut verstanden zu werden. Erklären Sie denselben Sachverhalt auf zwei bis drei verschiedene Weisen und bringen Sie Beispiele.

Wie andere das machen
Die Psychologin Julia Becker erklärt im Interview mit *Spektrum der Wissenschaft* ihre Forschungsergebnisse zum Thema Sexismus:

Julia Becker: „Wie wir in unseren Untersuchungen herausfanden, hängen beide Formen, der feindselige und der wohlwollende Sexismus, überraschend eng miteinander zusammen. Das bedeutet: Wer das Wesen der Frau in positiver Richtung verklärt, ist meist auch eher bereit, negativ-sexistisch aufzutreten. Letzteres wird mitunter nur als Wohlwollen getarnt. Wenn man etwa meint, eine Frau sollte abends nicht allein ausgehen und sich amüsieren, sagt man heute eben nicht mehr ‚Das gehört sich nicht'. Stattdessen gibt man vielleicht vor, dass man sich Sorgen macht." [60]

Becker beginnt mit einer abstrakten Erkenntnis, führt diese anschließend näher aus und gibt dann ein Beispiel. Sie erklärt also eine zentrale Erkenntnis auf drei unterschiedliche Weisen – man kann ihr ohne Weiteres folgen. Im nächsten Beispiel ist das dagegen deutlich schwerer:

Helmholtz.de: „Herr Jäger, woran forschen Sie am NCT in Heidelberg?"

Dirk Jäger: „Wir versuchen individuelle Tumoren tiefgehend zu analysieren und zu charakterisieren. Wir möchten sowohl die Biologie des Tumors als auch die molekulare Reaktion des Patienten auf seine Erkrankung, die so genannten Tumor-Host-Interaktionen, verstehen. Ziel dieser aufwändigen Analyse ist es, individuelle und zielgerichtete Therapieansätze für Patienten zu entwickeln. Darüber hinaus arbeiten wir an neuen Behandlungsstrategien und neuen Wirkstoffen. Neben diesen Aspekten werden im NCT Heidelberg große Programme zur Krebsprävention, zum Stellenwert von körperlicher Bewegung bei Krebserkrankungen, zu neuen Methoden in der Strahlentherapie, der Virotherapie und der Immuntherapie durchgeführt." [61]

Es gelingt dem Zuhörer vielleicht noch, die ersten drei Sätze zur Tumorforschung nachzuvollziehen. Danach jedoch muss er in schneller Abfolge unterschiedlichste Inhalte verarbeiten. Hier verliert der Mediziner Dirk Jäger vermutlich einen Teil seines Publikums.

Fairerweise muss man sagen, dass der Text (meines Wissens) nur in schriftlicher Form veröffentlicht wurde, was ein mehrfaches Lesen ermöglicht. Trotzdem wäre das Konzentrieren auf weniger Inhalte sinnvoll gewesen. Vergleichen Sie Jägers Statement mit dem Onur Güntürküns in Tipp 8 und achten Sie auf die unterschiedliche Informationsdichte.

T. Colin Campbell wiederholt in seinem Hörbuch *China Study* mehrfach, wie die „Qualität" von Nahrungsmittelproteinen allgemein definiert ist:

„Die Qualität der verschiedenen Nahrungsmittel wird danach bewertet, wie gut sie uns mit den notwendigen Aminosäuren versorgen, um unser körpereigenes Protein zu erneuern." […] „Nahrungsmittelprotein der besten Qualität ist, einfach gesagt, jenes, das uns nach seiner Verdauung mit der richtigen Art und Menge an Aminosäuren versorgt, um unser neues Zellprotein effizient herzustellen. Das ist es, was das Wort Qualität hier bedeutet: Es ist die Fähigkeit der Nahrungsmittelproteine, die richtigen Arten und Mengen an Aminosäuren für die Herstellung unseres neuen Proteins zu liefern." […] „Mit Qualität ist in Wirklichkeit die Effizienz gemeint, mit der ein Nahrungsprotein zur Förderung des Wachstums verwendet wird."

Campbell ist es offenbar wichtig, dass seine Zuhörer die Bedeutung von „Proteinqualität" wirklich verstanden haben – um den Begriff anschließend zu entzaubern: „Seit gut über 100 Jahren sind wir in dieser irreführenden Sprache gefangen und haben oftmals den bedauerlichen Trugschluss gezogen, dass mehr Qualität auch mehr Gesundheit bedeuten würde." [62]

Die Definition von „Proteinqualität" ist auch ein schönes Beispiel für (problematisches) Framing (Tipp 33).

„Ist das wirklich die einzige Art dieses zu erklären?"
Georg Christoph Lichtenberg (1742–1799), Naturforscher [14].

Tipp 48: Zahlen

Zahlen sind mächtig. Mit Zahlen und Statistiken können Sie informieren und überzeugen, aber auch verzerren und irreführen. Mit Zahlen unterfütterte Meinungen lassen diese oft wie unumstößliche Fakten aussehen, auch wenn es weiterhin bloß Meinungen sind. Auch Journalisten lieben Zahlen und wolle sie gerne von Ihnen hören.

Setzen Sie Zahlen gezielt ein, aber übertreiben Sie es nicht. Zu viele Zahlen – und Sie kommen *kalt* rüber. Menschen wollen immer auch über die emotionale Ebene erreicht werden. Mit Emotionen „öffnen" Sie Ihre Zuhörer, sodass die Zahlen auch wirken können; mit Emotionen geben Sie Zahlen Bedeutung und Gewicht.

Hier ein Beispiel aus einem meiner Vorträge:

„Ein Drittel unserer Lebensmittel ist angewiesen auf die Bestäubung durch Bienen und andere Insekten: Gemüsepflanzen wie Kürbis und Soja; Obstpflanzen wie Apfel und Kiwi; Nüsse; Gewürze und Öle. Von den 100 Nahrungspflanzen, die für 90 % der globalen Nahrungsmittelproduktion sorgen – von diesen 100 Nahrungspflanzen werden 71 von Bienen, Fliegen, Käfern und Hummeln bestäubt. Was würden unsere Kinder und Enkelkinder sagen, wenn es auf ihren Tellern keine Äpfel mehr gäbe, keine Pflaumen, keine Melonen?"

Im zweiten Teil des Statements spreche ich gezielt die emotionale und moralische Ebene an. Wer würde da widersprechen? Gleichzeitig ist es eine bildhafte Sprache: Im Kopf des Zuschauers entsteht die konkrete Vorstellung eines leeren Tellers (Tipp 35).

Wie andere das machen

Der Geophysiker und Vulkanologe Alexander Gerst ist nicht nur ein bekannter Astronaut, sondern auch ein Medienprofi. Zweifel, ob die Raumfahrt-Milliarden gut investiertes Geld sind, muss er sicher öfter ausräumen. Im Interview mit *helmholtz.de* macht er das souverän – mit wenigen Zahlen und viel Emotion:

Henning Krause (helmholtz.de): „Die Raumstation ISS hat etwa 100 Mrd. Euro gekostet. Raumfahrtorganisationen rechtfertigen die Kosten oft mit ihrer Nützlichkeit in Form von wissenschaftlichen Ergebnissen. Sind sie das Steuergeld wirklich wert?"

Alexander Gerst: „Ich finde schon. Die Kosten verteilen sich auf viele Jahre und viele Länder weltweit. Jeder EU-Bürger zahlt pro Jahr etwa zehn Euro für die Raumfahrt, davon etwa einen Euro für die bemannte Raumfahrt. Dafür erhalten wir Erkenntnisse, die wir anders nicht erzielen könnten, zum Beispiel in der Osteoporose-Forschung oder für die Entwicklung neuer Materialien. Wir sind eine neugierige Spezies und haben schon immer unsere Umgebung erforscht. Das liegt in unserer Natur. Außerdem bietet die Raumfahrt eine einzigartige Perspektive: Die Atmosphäre ist eine unglaublich dünne Schutzschicht, deren Verletzlichkeit man von oben auf den ersten Blick erkennen kann. Die Erde ist unser aller Raumschiff, und wir haben nur eins davon. Wir sollten also gut mit ihr umgehen!" [63]

Die Psychologin Julia Becker sagt im Interview mit *Spektrum der Wissenschaft:* „Dieser Begriff [moderner Sexismus] beschreibt eine Haltung, die bestehende Diskriminierung leugnet. Etwa wenn Männer angeben, die Ungleichheit zwischen den Geschlechtern sei doch längst überwunden und Frauen würden gar nicht mehr benachteiligt. Laut aktuellen Studien glauben rund 60 % der Deutschen, Diskriminierung von Frauen sei hier zu Lande kein Problem mehr." [60] Die von Becker genannten 60 % verdeutlichen, dass „moderner Sexismus" tatsächlich ein Problem ist.

In der Sendung „Fakt ist" *(MDR-Fernsehen)* diskutiert der Botaniker Christian Wirth das Pro und Kontra, einen Teil unserer Wälder aus der Nutzung zu nehmen – und überzeugt mit Zahlen: „Was wir aber nicht haben in Wirtschaftswäldern, das ist Totholz. 30 % aller waldbewohnenden Tiere und Pflanzen hängen vom Totholz ab. Dieses Totholz kommt in Wirtschaftswäldern in zu geringen Mengen vor. Da sprechen wir von 10 Festmetern im Durchschnitt, vielleicht sind es manchmal 20. Was man bräuchte, um wirklich einen Effekt zu haben auf Käfer, auf Vögel, auf Schnecken, auf Pilze, das sind Werte größer als 60, 70, 80 Festmeter, und das kriegt man in einem Wirtschaftswald sehr schlecht hin." [64] Schön ist auch, dass Wirth konkrete Artengruppen nennt, die der Zuschauer kennt (Tipp 35).

Die Zahlen in den oben genannten Beispielen sind leicht verständlich und gut vorstellbar. Andere Zahlen hingegen entziehen sich der Vorstellungskraft der Zuhörer. Solche Zahlen sollten Sie mithilfe von Vergleichen einordnen (Tipp 43). Wenn Sie z. B. erzählen, dass die Erde

4,5 Mrd. Jahre alt ist, wohingegen es den modernen Menschen (*Homo sapiens*) erst seit 350.000 Jahren gibt, dann sind die Zahlen zwar verständlich, aber die Zeiträume schwer vorstellbar. Sie könnten zur Veranschaulichung ergänzen: „Wäre die Erde nur 24 Stunden alt, so gäbe es den modernen Menschen erst seit sieben Sekunden."

Wie andere das machen (in diesem Fall ich selbst)

In meiner Doktorarbeit habe ich mit dem radioaktiven Kohlenstoffisotop ^{14}C gearbeitet – auch Radiokarbon genannt [65]. Manchen ist bekannt, dass man mit ^{14}C das Alter organischer Substanzen bestimmen kann, z. B. in der Archäologie. Weniger bekannt ist, wie selten dieses Isotop ist – sein Anteil in der Atmosphäre liegt bei gut 10^{-12}. Ich habe das in Gesprächen so veranschaulicht: „Stellen Sie sich vor, Kohlenstoffisotope (^{12}C, ^{13}C und ^{14}C) wären 1-Euro-Münzen, die Sie in Reihe legen, Münze an Münze. Dann müsste diese Reihe etwa 500 mal um den Erdball laufen, damit – statistisch gesehen – eine einzige ^{14}C-Münze dabei wäre." Ich finde es bis heute faszinierend, dass man ^{14}C-Gehalte trotzdem mit sehr hoher Präzision messen kann.

Was andere dazu sagen

Der Mediziner und Statistik-Experte Hans Rosling soll gesagt haben[8]: „Nur wenige Menschen wissen die Musik zu schätzen, wenn ich ihnen nur die Noten zeige. Die meisten von uns müssen die Musik hören, um zu verstehen, wie schön sie ist." (eigene Übersetzung) Ähnlich verhält es sich mit Statistiken und Zahlen. Sie müssen

---

[8]Für dieses Zitat konnte ich keine Primärquelle finden.

ihnen Leben einhauchen und sie sinnlich begreifbar machen.

Tipp 49: Fachbegriffe erklären

Sie dürfen einen Fachbegriff durchaus auch vor Laien verwenden. Erklären Sie den Fachbegriff, wenn Sie ihn das erste Mal benötigen. Benutzen Sie danach durchgängig den Fachbegriff und möglichst keine Synonyme (auch wenn Sie es in der Schule genau anders gelernt haben). So vermeiden Sie Verwirrung.

Wenn es ein triviales Wort gibt, das die Sache genauso treffend beschreibt, können Sie gut und gerne auf den Fachbegriff verzichten. Manche empfehlen sogar, auf Fachbegriffe grundsätzlich zu verzichten. Aber was machen Sie dann z. B. mit einem „endoplasmatischen Retikulum"?

Wie andere das machen

Die Chemikerin Mai Thi Nguyen-Kim führt in ihrem Hörbuch *Komisch, alles chemisch!* den Fachbegriff „circadianer Rhythmus" ein: „Der Spitzname Schlafhormon kommt nicht von ungefähr, denn Melatonin spielt eine wichtige Rolle in unserem circadianen Rhythmus – lateinisch *circa dies* – rings um den Tag – also unserem inneren Schlaf-Wach-Rhythmus: Je höher unser Melatoninspiegel, desto müder fühlen wir uns." Später verwendet sie den Begriff wieder: „Künstliche Dunkelheit ist genauso verwirrend für unseren circadianen Rhythmus wie künstliches Licht." Und später mindestens noch einmal: „Mein circadianer Rhythmus kann natürlich nicht zwischen Wochentag und Wochenende unterscheiden." [9]

So macht es auch KlarText-Preisträgerin und Mathematikerin Katharina Schaar mit dem Fachbegriff „Chirotop". Zunächst beschreibt sie beispielhaft, wie Menschen um einen Tisch sitzen. Dann fährt sie fort: „Die Abstraktion solcher Ortsangaben – in diesem Fall der Sitzordnung – nennt man in der Mathematik ein „Chirotop". Ein Chirotop enthält relative Lageinformationen von Punkten – aber eben keine absoluten Positionen. Wenn etwa Regina mit ihrem Stuhl nach hinten rückt, ändert sich am Chirotop gar nichts. Ein Chirotop leitet sich nicht immer [...]." Den Fachbegriff „Chirotop" hätte Schaar beim besten Willen nicht vermeiden können. Warum auch? Schön ist, dass sie einen Begriff, der etwas Abstraktes bezeichnet, mit einem konkreten Beispiel erläutert [53].

Ein weiteres Beispiel finden Sie in Tipp 31: Der Neurophysiologe Wolf Singer erklärt dort den Fachbegriff „Phonem", den er im Interview mehrfach verwendet.

In Tipp 50 finden Sie einen Interviewausschnitt, in dem die Wissenschaftlerin ohne Fachbegriffe auskommt: Anna Bergmann spricht z. B. von „Totenflecken" und vermeidet den Fachbegriff „Livores mortis".

Was andere dazu sagen

Der Zoologe und Fernsehmoderator Bernhard Grzimek war ein Kritiker von Fachtermini, die Laien das Verständnis unnötig erschweren. Das bringt er in diesem Zitat zum Ausdruck: „Außerdem wird auch eine wissenschaftliche Arbeit nicht dadurch gelehrter, dass man ,adult' statt ausgewachsen, ,juvenil' statt jugendlich und ähnliches sagt. Seit meinem zwölften Lebensjahr ist es mein Ehrgeiz, alles in meiner Muttersprache ausdrücken zu können, und zwar auch in vernünftigen, verständlichen Sätzen." Bernhard Grzimek, Zoologe [66]

Tipp 50: Einfache, gängige Wörter

Vermeiden Sie schwierige, bildungssprachliche Begriffe wie Evidenz, Insuffizienz, Imponderabilität, eklektisch oder eruieren. Mit einfacheren Worten (Nachweis, Schwäche, Unsicherheit, zusammengestückelt, herausfinden) versteht Ihr Publikum Sie besser und schneller. Oft sind klare, kurze Wörter mit nur ein oder zwei Silben die stärksten: Gefühl statt emotionale Befindlichkeit, Hass statt Antipathie, Lust und Freude statt Hochstimmung etc.

Wie andere das machen
Die Medizin- und Kulturhistorikerin Anna Bergmann spricht im *Deutschlandfunk*-Interview über das Thema Organspende und bringt ihren Standpunkt mit einfachen Worten auf den Punkt: „Jahrtausende galt jemand als tot, wenn er sich in eine Leiche verwandelt hat, was dann sinnlich erkennbar war oder es heute auch ist. Denn wir haben diese Todesdefinition nicht aufgegeben, dass nach dem Atem-Herzstillstand sich die Totenflecke einstellen, der Tote blass wird und die sinnliche Wahrnehmung eines Toten für alle irgendwie erkennbar war. Die Hirntot-Definition hat die Todesdefinition vorverlegt und behauptet eben, dass es sich nicht mehr um einen sterbenden, sondern bereits um einen toten Menschen

handelt, wenn die Gehirnfunktion ausgefallen ist. ... Ich ziehe das Wort eines „hirnsterbenden Menschen" vor. ... Der sogenannte Hirntote wird weiterhin gepflegt medizinisch und er wird gewaschen und all das wird ja weiterhin praktiziert für den Zweck der Organentnahme. Die klassischen Todeszeichen stellen sich erst auf dem Operationstisch durch medizinisches Handeln ein, sodass der Hirntote sich in eine Herztotleiche auf dem Operationstisch verwandelt." Bergmann verzichtet vollständig auf schwierige Begriffe ·wie „terminales Organversagen" oder „postmortale Organtransplantation", die manch andere Expertin vermutlich verwendet hätte [21].

Was andere dazu sagen

Der Psychologe und Nobelpreisträger Daniel Kahneman betont in seinem Buch *Schnelles Denken, langsames Denken,* dass Sie mit einer einfachen Sprache nicht nur leichter verstanden, sondern auch anders wahrgenommen werden. Er schreibt: „Wenn Sie Wert darauf legen, für glaubwürdig und intelligent gehalten zu werden, sollten Sie sich nicht kompliziert ausdrücken, wenn man das Gleiche auch in einfachen Worten sagen kann." [67] Kahnemann bezieht sich mit dieser Aussage auf eine bemerkenswerte Studie seines Kollegen Daniel Oppenheimer [68].

> „Die schönsten Formulierungen sind üblicherweise auch die einfachsten."
> Adam Smith (1723–1790) zugeschrieben[9], schottischer Moralphilosoph und Aufklärer, Begründer der klassischen Nationalökonomie

---

[9]Für dieses Zitat konnte ich keine Primärquelle finden.

Tipp 51: Missverständliche Wörter

Darwinismus sei *nur* eine Theorie, behaupten Kreationisten und suggerieren damit, es handele sich um eine unbewiesene These. Dabei beschreibt das Wort „Theorie" ein System wissenschaftlich begründeter (und im Fall des Darwinismus tausendfach belegter) Aussagen. Neben „Theorie" gibt es eine ganze Reihe geläufiger Wörter, unter denen Laien etwas anderes verstehen als Wissenschaftlerinnen. Wenn Wissenschaftlerinnen z. B. von „Werten" sprechen, meinen sie oftmals Zahlen – während viele Zuhörer an Wertvorstellungen denken. Für Biologinnen sind „Ausbreitung" und „Verbreitung" unterschiedliche Dinge – für Laien dagegen klingt eins wie das andere. Spricht die Fachfrau von einer „Lampe", denkt der Laie an das, was die Fachfrau als „Leuchte" bezeichnen würde. Unter „Vektor" verstehen bereits Medizinerinnen und Biotechnologinnen verschiedene Dinge – während der Laie krampfhaft versucht, sich an Lineare Algebra in der Oberstufe zu erinnern. Auch das Wort „Modell" bezeichnet in unterschiedlichen Wissenschaftsdisziplinen unterschiedliche Dinge. Es ließen sich viele weitere Beispiele finden. Beachten Sie diese potenziellen Stolperfallen und erklären Sie, wenn nötig, was genau Sie meinen.

Tipp 52: Geschichten (Storytelling)

Wie werden aus Fakten und Nachrichten Geschichten? Wenn Sie heutzutage die *Tagesschau* ansehen, stellen Sie fest, dass viele Einspielfilme mit einer konkreten Person beginnen und enden – auch dann, wenn der Inhalt der eigentlichen Nachricht ein abstrakter ist (z. B. ein neues Gesetz). Dahinter steckt der Wunsch der Journalisten, eine möglichst lebensnahe Verbindung zum Zuschauer herzustellen und eine Geschichte zu erzählen. Auch bei Wissenschaftssendungen wie *nano* (3sat) versuchen die Autoren, Geschichten zu erzählen.

Vorbild für viele Journalisten ist die vom US-amerikanischen Literaturwissenschaftler Joseph Campbell beschriebene „Heldenreise" [69], ein Erzählmuster, das sich auch in vielen Hollywood-Filmen wiederfindet [70]. Die wichtigsten Elemente sind: Ein oder mehrere Helden; ein (möglichst schwieriges und gleichzeitig wichtiges) Ziel; eine starke Motivation (das Ziel zu erreichen); eine oder mehrere Konfrontationen; die finale Entscheidung (in der das Ziel erreicht oder verfehlt wird) und die Erneuerung (eine „veränderte Welt"). Das ist jetzt wirklich die Ultrakurz-Zusammenfassung.

AUFBRUCH ZUR „HELDENREISE"

UNSER ZIEL WAR KLAR:
WIR WOLLTEN DIE WELT BESSER VERSTEHEN.

Wie lässt sich dieses Muster in der Wissenschaftskommunikation nutzen? Überlegen Sie, wer der Held
Ihrer Geschichte sein könnte. Wahrscheinlich Sie selbst!?
(„Held" ist hier übrigens im rein dramaturgischen Sinn
zu verstehen – Sie sollen sich nicht zum Superhelden
erhöhen.) Erzählen Sie, wie Sie auf Ihre Fragestellung
gestoßen sind. Oder was andere dazu an Vorarbeit
geleistet haben. Erzählen Sie, warum die Beantwortung
Ihrer Fragestellung eine Herausforderung war oder ist.
Erzählen Sie, wie Sie ganz konkret vorgegangen sind, wie
Sie gearbeitet haben, was Sie erlebt haben (Beispiel Nico
Eisenhauer in Tipp 36). Erzählen Sie von Erfolgserleb-
nissen (Beispiel Jennifer Doudna in Tipp 54), erzählen
Sie von Fehlschlägen (Tipp 63). Erzählen Sie von
Konkurrenten, die am selben Thema gearbeitet haben
oder noch arbeiten. Erzählen Sie, was Sie entdeckt haben
und was Sie daraus schließen (Beispiel Madelaine Böhme
in Tipp 56). Erzählen Sie, welche Konsequenzen Ihre

Entdeckungen haben. So werden Sie zum „Storyteller". Je nachdem, wie viel Zeit Sie haben, erzählen Sie Ihre Geschichte ausführlich oder beschränken sich auf einzelne, kleine Episoden. Mit Storytelling bringen Sie Unterhaltung und Emotionen (Tipp 54) in Ihre Forschung: Sie wird lebendiger, nahbarer, menschlicher.

Aber verzetteln Sie sich nicht. Geschichten, die Sie erzählen, sollten auch Ihre Kernbotschaften stützen oder zumindest nicht allzu sehr davon ablenken (Tipp 14).

Wie andere das machen

Mai Thi Nguyen-Kim bettet die chemischen Erklärungen in ihrem Hörbuch *Komisch, alles chemisch!* in eine Rahmenhandlung ein. Sie selbst und ihre Bekannten sind die Protagonisten dieser Rahmenhandlung, die im Wesentlichen in Nguyen-Kims Alltag spielt. Bei den chemischen Erklärungen werden dann auch mal Moleküle zu Protagonisten: „Während Adrenalin schnell durch die Blutbahn wirbelt, aber auch schnell wieder verschwindet, rüstet sich ein anderes Hormon für den Stresskrieg: ATCH *(Adrenocorticotropes Hormon)* wird in der Hirnanhangdrüse produziert und macht sich über die Blutbahn auch auf den Weg in die Nebennieren, das Basislager des Fight-or-Flight-Kampfes. Kaum angekommen, tritt das Hormon eine ganze Kette chemischer Reaktionen los. Ich stelle mir das gerne vor wie eine dieser typischen epischen Kampfszenen aus Filmen. Nach dem Alarm des Vorboten Adrenalin ist ATCH der Heeresführer, der mit geballter Faust den ersten Kampfschrei loslässt, der die Armee mobilisiert und die Schlacht in Gang setzt. Schließlich wird das zweite Stresshormon Cortisol in die Blutbahn geworfen und macht sich ebenfalls auf den Weg zu verschiedenen Organen." [9]

Persönliche Anekdoten sind eine gute Möglichkeit für meist kurzes Storytelling. Ein schönes Beispiel sind die Ausführungen von Diana Deutsch in Tipp 32. Aber Sie müssen eine Anekdote nicht selbst erlebt haben – vielleicht gibt es eine Anekdote über eine berühmte Persönlichkeit, die Sie für Ihre Zwecke nutzen können.

Das folgende Zitat des Physikers Lawrence M. Krauss ist im Kern auch eine Geschichte – mit den Sternen als Protagonisten: „Jedes Atom in Deinem Körper stammt von einem Stern, der explodiert ist. Und die Atome in Deiner linken Hand stammen wahrscheinlich von einem anderen Stern als jene in Deiner rechten Hand. Das ist wirklich das Poetischste, was ich über Physik weiß: Du bist Sternenstaub. Du könntest nicht hier sein, wenn die Sterne nicht explodiert wären, denn die Elemente – der Kohlenstoff, der Stickstoff, der Sauerstoff, das Eisen, all die Dinge, die für die Evolution und für das Leben wichtig sind – wurden nicht zu Beginn der Zeit erschaffen. Sie wurden in den Nuklearöfen der Sterne erschaffen, und die einzige Möglichkeit für sie, in Deinen Körper zu gelangen, war, dass diese Sterne freundlicherweise explodierten. Also vergiss Jesus. Die Sterne sind gestorben, damit Du heute hier sein kannst." (eigene Übersetzung) [71] Man könnte diese Geschichte natürlich auch viel ausführlicher erzählen.

Was andere dazu sagen

Forscherinnen arbeiten mit Daten und Zahlen. Der Historiker Yuval Noah Harari weiß, dass diese manchmal schwer zu vermitteln sind. In seinem Hörbuch *21 Lektionen für das 21. Jahrhundert* sagt er: „*Homo sapiens* ist ein geschichtenerzählendes Lebewesen, das eher in

Geschichten als in Zahlen oder Grafiken denkt und der Überzeugung ist, dass das Universum selbst wie eine Geschichte funktioniert, voller Helden und Schurken, Konflikte und Lösungen, Höhepunkte und Happy Ends." [5]

Für den Evolutionsbiologen Stephen Jay Gould gehört Geschichtenerzählen zu unserem menschlichen Wesen. Im Interview erklärt er: „Menschen sind geschichtenerzählende Wesen. Wir mögen Geschichten, die irgendwo hingehen, und deshalb mögen wir Trends – denn Trends sind Dinge, die entweder besser oder schlechter werden, so dass wir uns entweder freuen oder trauern können." [72]

Warum mögen und brauchen wir Geschichten? Der Nouvelle-Vague-Regisseur Jean-Luc Godard hat das angeblich so erklärt: „Manchmal ist die Realität zu komplex. Geschichten geben ihr Form."[10]

Der Astronomin Sara Seager wird nachstehendes Zitat zugeschrieben. Demnach weiß sie, warum sich Wissenschaftlerinnen gut als Heldinnen einer Geschichte eignen: „Eine Wissenschaftlerin zu sein ist wie eine Entdeckerin zu sein. Man hat diese immense Neugier, diese Sturheit, diesen entschlossenen Willen, vorwärts zu gehen, egal was andere Leute sagen."[11]

Und schließlich Lewis Carrolls „Alice im Wunderland", die fordert: „Die Abenteuergeschichten zuerst, bitte. – Erklärungen brauchen immer so schrecklich lange." [73]

---

[10]Für dieses Zitat konnte ich keine Primärquelle finden.
[11]Für dieses Zitat konnte ich keine Primärquelle finden.

Tipp 53: Vermenschlichung (Anthropomorphismus)

Kennen Sie Lonely George? Oder Scottie? Lonely George war das letzte Individuum einer hawaiianischen Schneckenart, die mittlerweile ausgestorben ist; Scottie ein besonders großer *T. rex,* dessen Knochen 1991 in Kanada gefunden wurden. Tiere (Individuen) haben normalerweise keine Namen – außer Haustiere. Wenn wir ihnen aber Namen geben, nehmen wir sie stärker als Individuen wahr, sie sind uns dann emotional näher – menschlicher. So war es auch bei Lonely George und Scottie. Außerdem haben die beiden durch ihre individuellen Namen sicher mehr Aufmerksamkeit in den Medien bekommen.

Vermenschlichung ist ein viel benutztes Hilfsmittel, nicht nur in der Wissenschaftskommunikation. Dabei können verschiedenste Forschungsobjekte vermenschlicht werden, wie die folgenden Beispiele zeigen.

Wie andere das machen

Zum Beispiel Pflanzen: Die Wissenschaftlerin Pia Backmann lässt die von ihr untersuchten Tabakpflanzen im Interview mit *radioeins* (*RBB*) menschenähnlich handeln. Sie nutzt Formulierungen wie: „Die Pflanze merkt, dass die Raupe an ihr frisst …", „Die Pflanze weiß …", „Die Pflanze wartet ab …", „Die Pflanze schreit sozusagen um Hilfe …", „Das findet die Pflanze ganz positiv" … [44] So verlassen wir die neutrale Position des Beobachters und können uns quasi in die Pflanze hineinversetzen. Das macht die Erzählung sinnlich, lebendig und emotional – jede gute Geschichte und jeder Spielfilm funktioniert so.

Apropos Spielfilm: In Disney-Filmen werden bekanntlich oft Tiere vermenschlicht (*Bambi, König der Löwen, Zoomania* …) – aber auch Nicht-Lebendiges wie Spielzeugfiguren *(Toy Story)*, Autos *(Cars)* und sogar Emotionen *(Alles steht Kopf)*.

Auch Spermien sind nicht lebendig (keine Lebewesen). In seinem preisgekrönten Text vermenschlicht der Biochemiker Christian Schiffer die kleinen Keimzellen, lässt sie Signale interpretieren, sich orientieren und warten: „Nur wenn Spermien die chemischen Signale der Eizelle richtig interpretieren, schaffen sie die beschwerliche Reise durch den Genitaltrakt der Frau. […] Dabei geht es um die chemische Kommunikation zwischen der reifen Eizelle im hinteren Teil des Eileiters und den orientierungslosen Spermien, die darauf warten, dass die Eizelle ihnen den Weg weist." [74]

Es besteht die Gefahr, dass vermenschlichende Formulierungen nicht als rhetorischer Kunstgriff erkannt werden. Mancher Zuhörer könnte denken, dass die nicht-menschlichen „Protagonisten" tatsächlich wie Menschen denken und handeln – dass z. B. Spermien bewusst interpretieren, ihre Reise als beschwerlich empfinden oder ungeduldig warten. Richard Dawkins beugt diesem potenziellen Missverständnis vor: In seinem Buch *Das egoistische Gen* schreibt er über Replikatoren (Vorläufer der DNA) in der Ursuppe unseres jungen Planeten: „Unter den Replikatorvarianten spielte sich ein Kampf ums Dasein ab. Sie wußten weder, daß sie kämpften, noch machten sie sich deswegen Sorgen; der Kampf wurde ohne Feindschaft, überhaupt ohne irgendwelche Gefühle geführt. Aber sie kämpften, nämlich in dem Sinne, daß jeder Kopierfehler, dessen Ergebnis ein höheres Stabilitätsniveau war oder eine neue Möglichkeit, die Stabilität von Rivalen zu vermindern, automatisch bewahrt und vervielfacht wurde." [56]

Giulia Enders macht in ihrem Hörbuch *Darm mit Charme* zwei benachbarte Darmmuskeln zu menschlich agierenden Protagonisten, die sich gegenseitig verstehen, respektieren und verbünden: „Der äußere Schließmuskel versteht und verschließt sich voller Loyalität noch fester als zuvor. Dieses Signal bemerkt dann auch der innere Schließmuskel und respektiert erst mal die Entscheidung seines Kollegen. Die beiden verbünden sich und schieben den Testhappen in eine Warteschleife. Raus muss es irgendwann, nur eben nicht hier und jetzt auch nicht. Einige Zeit später wird es der innere Schließmuskel einfach noch mal mit einem Testhappen probieren. Sitzen wir mittlerweile gemütlich zu Hause auf dem Sofa: freie Fahrt!" [36]

Ein letztes Beispiel ist der „Heeresführer" ATCH (Text von Mai Thi Nguyen-Kim), Tipp 52.

Tipp 54: Emotionen!

Das Stereotyp der Wissenschaftlerin ist: Sie ist akkurat, sachlich, nüchtern. Brechen Sie mit diesem Klischee. Zeigen Sie während Ihres Auftritts Emotionen. Zeigen Sie Ihre Neugier für das Thema, erzählen Sie von Ihrem

Frust, als das Experiment daneben ging. Wie waren Ihre Gefühle, als Sie eine wichtige Entdeckung gemacht haben? Emotionen, die eine Forscherin durchlebt, sind vielfältig: Staunen, Sorge, Überraschung, Ärger, Langeweile, Enttäuschung und und und. Im Idealfall schaffen Sie es – z. B. während eines längeren Vortrags – verschiedene Emotionen an unterschiedlichen Stellen einzubauen.

Das Wichtigste ist – und das fällt vielen Forscherinnen leicht –, Begeisterung, Leidenschaft, Enthusiasmus für Ihr Thema zu zeigen. Aber behaupten Sie nicht einfach, dass Sie Ihr Thema begeistert – zeigen Sie es. Sie müssen es wirklich so empfinden, damit Sie glaubwürdig sind. Echte Emotionen vermitteln sich vor allem nonverbal. Ein lustlos aufgesagtes „Ich war begeistert" wird Ihnen niemand abnehmen.

Wie andere das machen

Im Folgenden ein paar Zitate, in denen Wissenschaftlerinnen und Wissenschaftler emotional werden:

Für den Bio-Psychologen und Communicator-Preisträger Onur Güntürkün ist Forschung reines Vergnügen. Er sagt im Interview mit *dfg.de:* „Forschung macht einen wahnsinnigen Spaß. Und ich glaube, dass ich nie in meinem Leben etwas anderes getan habe, als über Forschung nachzudenken und letztendlich schon als Kind mit kindlichen Möglichkeiten geforscht habe. Dieser Spaß an der Forschung muss auch sichtbar sein." [17]

Der Physiker Albert Einstein schwärmt für den Zauber des Geheimnisvollen: „Das Schönste, was wir erleben können, ist das Geheimnisvolle. Es ist das Grundgefühl, das an der Wiege von wahrer Kunst und Wissenschaft steht. Wer es nicht kennt und sich nicht mehr wundern, nicht mehr staunen kann, der ist so gut wie tot und seine Augen erloschen." [75]

Das alltägliche Nachdenken über Moleküle und Reaktionen macht das Leben der Chemikerin Mai Thi Nguyen-Kim reicher. Sie sagt: „Die Welt in Molekülen zu sehen ist wie ein Zwang für mich, aber ein schöner Zwang. Man könnte sagen, ich leide unter OCD – Obsessive Chemical Disorder. Wenn ich mir vorstelle, wie Nichtchemiker ihren Alltag leben, so ganz ohne an Moleküle zu denken, finde ich das traurig. Sie wissen gar nicht, was sie verpassen. Am Ende lässt sich nämlich alles Interessante irgendwie mit Chemie erklären." [9]

Guy Consolmagno, Astronom und Direktor der Vatikanischen Sternwarte, empfindet Schönheit im Wissen um die Natur der Dinge. Er sagt im Interview mit Stefan Klein: „Es ist, wie Musik zu hören oder einen Sonnenuntergang zu bewundern. Die rote Sonne ist schön. Und die Maxwell'schen Gleichungen, die beschreiben, wie ihr Licht zu uns gelangt, sind schön. Diese Eleganz der Natur erfahren Sie aber nur, wenn Sie die Wissenschaft kennen." [16]

Für eine Reportage über den Parasitologen Heinz Mehlhorn habe ich mit ihm in einem Wald bei Düsseldorf Zecken gesucht. Als Mehlhorn endlich ein Tier in der Hand hatte, bekam er leuchtende Augen und begann zu schwärmen: „Dieser Saugapparat hat wunderschön geformte Widerhaken, mit dem sie sich im Fleisch verankern können. Die können nicht einfach rausfallen oder rausgekratzt werden. Die haben eine Substanz entwickelt, die das Blut flüssig macht. Die haben eine Substanz entwickelt, in dem Speichel, die diese Wunde schmerzfrei hält für fünf Tage. Es gibt kein Medikament, das sie bei der Chirurgie haben … hält fünf Tage Ihnen den Schmerz fern. Die haben das! Fünf bis zehn Tage können die saugen, ohne dass Ihnen diese Stichstelle wehtut. Fantastische Entwicklung!" [76]

Der Physiker Murray Gell-Mann greift zu zwei ungewöhnlichen Vergleichen, um seine Liebe für die Natur und ihre Erforschung zu illustrieren. Er sagt: „Für mich ist das Studium dieser Gesetze untrennbar mit der Liebe zur Natur in all ihren Erscheinungsformen verbunden. Die Schönheit der Grundgesetze der Naturwissenschaft, wie sie sich beim Studium der Elementarteilchen und des Kosmos zeigt, ist verbunden mit der Geschmeidigkeit eines Sägers, der in einem klaren schwedischen See taucht oder mit der Anmut eines Delfins, der nachts im Golf von Kalifornien leuchtende Spuren hinterlässt." (eigene Übersetzung) [77]

Die Molekularbiologin Jennifer Doudna gilt – gemeinsam mit Emmanuelle Charpentier – als Begründerin der sog. CRISPR-Cas9-Methode („Genschere"). Mit ihr können DNA-Moleküle an jeder beliebigen Stelle durchschnitten werden. Im Interview mit dem *Guardian* erzählt sie, wie sie die Entdeckung dieser Möglichkeit erlebte: „Es war keine allmähliche Erkenntnis, es war einer dieser OMG-Momente, in denen man sich gegenseitig anschaut und „heiliger Bimbam" sagt. Das war etwas, worüber wir vorher nicht nachgedacht hatten, aber jetzt konnten wir sehen, wie es funktionierte, wir konnten sehen, dass es eine fantastische Art des Gen-Editings sein würde." (eigene Übersetzung) [78]

Emotionen kann man auch kurz und knapp transportieren. Wie der Kosmologe Alan Guth in seiner Newton Lecture: „Es ist mein liebstes Diagramm auf der ganzen Welt." Das Diagramm ist ein Beleg für die von ihm entwickelte Theorie eines inflationären Universums [79].

„Ein Element des Erfolges, egal in welchem Beruf, ist die Lust am Handwerk."
Irène Joliot Curie, Physikerin und Chemikerin [80].

Tipp 55: Humor

Wissenschaft mit Humor zu kommunizieren, ist super. Wie man witzig ist, kann ich Ihnen leider nicht erklären. Aber hier sind ein paar Beispiele von Menschen, die es können.

Wie andere das machen

In seinem Buch *Kurze Fragen auf große Fragen* schreibt der Astrophysiker Stephen Hawking: „Im Jahr 2009 veranstaltete ich eine Party für Zeitreisende in meinem College, Gonville & Caius in Cambridge, um einen Film über Zeitreisen zu zeigen. Damit nur echte Zeitreisende kommen, habe ich die Einladungen erst nach der Party verschickt. Am Tag der Party saß ich im College und hoffte, aber niemand kam. Ich war enttäuscht, aber nicht überrascht, denn ich hatte ja gezeigt, dass Zeitreisen nicht möglich sind, wenn die Allgemeine Relativitätstheorie stimmt und die Energiedichte positiv ist. Aber ich hätte mich riesig gefreut, wenn eine meiner Annahmen sich als falsch herausgestellt hätte." [2] Was meinen Sie: Ob Hawking dieses Experiment tatsächlich durchgeführt hat?

Im Interview mit *radioeins (RBB)* wurde die Ökologin Pia Backmann gefragt, ob wir von den Nikotin-resistenten Raupen des Tabakschwärmers etwas lernen könnten. Sie antwortete: „Dazu bräuchten wir ein paar Millionen Jahre Evolution. Ich habe aber meine Zweifel, ob Raucher sich in der Evolution so lange halten könnten." [44]

Der Physiker Richard Feynman soll dieses vielzitierte Bonmot geprägt haben: „Physik ist wie Sex. Natürlich gibt es einige praktische Ergebnisse, aber deshalb tun wir es nicht."[12]

In Tipp 68 finden Sie ein weiteres, schönes Beispiel von Hans Rosling. Der Statistik-Experte schaffte es, seine Zuhörer häufig zum Lachen zu bringen.

Tipp 56: Spannung durch induktives Erzählen

Angenommen, Sie werden im Interview gefragt, ob Sie in Ihrer Arbeit xy nachweisen konnten. Sie könnten jetzt mit „Ja" antworten und anschließend erläutern, wie Sie das gemacht haben. Diese Reihenfolge wäre klar und leicht verständlich. Das Problem ist jedoch, dass nach dem „Ja" die Katze aus dem Sack ist und mancher Ihren weiteren Ausführungen weniger aufmerksam folgen wird.

Alternativ könnten Sie so beginnen: „Wir haben über 100 Probanden befragt …", um dann abzuschließen: „So konnten wir tatsächlich zeigen, dass xy …". Spannungsbögen funktionieren immer so: Sie erzeugen eine Frage im Kopf der Zielgruppe und halten die Aufmerksamkeit aufrecht, bis die Frage beantwortet ist – der Psychologe George Loewenstein spricht vom Neugier erzeugenden *information gap* [81]. Z. B. im Spielfilm: Wer ist der Mörder? Wird

---

[12]Für dieses Zitat konnte ich keine Primärquelle finden.

sie ihn bekommen? Wird sie überleben? Wird der Prinz
gerettet? Spoiler, die das Ende verraten, haben zwar etwas
Verlockendes, aber eigentlich wollen wir sie nicht hören.[13]

Überlegen Sie deshalb, ob Sie Ihre Kernaussage voranstellen und danach die Details ausführen (deduktive
Erzählweise: vom Allgemeinen zum Speziellen) oder
umgekehrt: Zuerst Fragestellung/Vorgehen/Indizien/Argu-
mente erläutern und erst am Ende die Erkenntnis/Schluss-
folgerung bringen (induktive Erzählweise). Induktives
Erzählen erhöht Spannung und Aufmerksamkeit, birgt
aber die Gefahr schlechterer Verständlichkeit. Wenn Sie
sich für eine induktive Erzählweise entscheiden, dann
sollten Sie sicherstellen, dass Ihre Zuhörer immer wissen,
worauf Sie hinauswollen – z. B. indem Sie die Hypothese
voranstellen und wenn nötig zwischendurch wiederholen
(„Wir wollten wissen …").

Allerdings: Nicht immer haben Sie ausreichend Zeit
für Spannungsaufbau und induktives Erzählen. In einem
Statement für die Fernsehnachrichten z. B. müssen Sie
schnell zur Sache kommen und in ca. 20 s Ihre Kernbotschaft auf den Punkt bringen.

Wie andere das machen
Im *Deutschlandfunk*-Interview erzählt die Paläontologin
Madelaine Böhme auf induktive Weise – spricht zuerst
über Knochenfunde, dann über die daraus folgende
Erkenntnis:

Lennart Pyritz (Deutschlandfunk): „Was für ver-
steinerte Knochen haben Sie da gefunden und wie lässt

---

[13]In Spielfilmen werden uns manchmal zentrale Fragen der Filmhandlung
frühzeitig beantwortet – meist mithilfe von Zeitsprüngen in der Erzählung. In
Titanic z. B. wissen wir von Anfang an: Rose wird nicht sterben. In *Melancholia*:
Die Erde wird untergehen. In *Die Brücken am Fluss:* Francesca und Robert
werden nicht zusammenbleiben. Die Drehbuchautoren machen das natürlich
bewusst: Sie wollen die Aufmerksam der Zuschauer auf andere Fragen lenken.

sich daraus die Körperhaltung dieser frühen Menschenaffenart ablesen?"

Madelaine Böhme: „Wir haben insgesamt 15.000 Fossilien gefunden, also Wirbeltierfossilien, darunter 37 Menschenaffenreste. Diese 37 Menschenaffenreste beziehen sich auf vier Individuen. […] Und wir haben auch Wirbel gefunden, so dass wir Aussagen zur Wirbelsäule treffen können. So ist beispielsweise die Wirbelsäule von *Danuvius guggenmosi* – das ist der wissenschaftliche Name der neuen Art – S-förmig gekrümmt. Diese S-förmige Krümmung ist ganz typisch für aufgerichtete, zweibeinige Menschen. Wir können gleichzeitig auch etwas über die Mobilität der Wirbelsäule sagen, weil gerade bei uns Menschen ist die Lendenwirbelsäule verlängert und recht mobil. Das ist ganz wichtig für uns, um unseren schweren Körper über unseren Hüften zu balancieren, wohingegen Menschenaffen, die Bäume erklettern, eine kurze, steife Hüftregion brauchen, ansonsten könnten sie nämlich gar nicht so effektiv in den Bäumen klettern. Und in diesen Bezügen ist Danuvius ganz klar menschlich." [33] Der Journalist Lennart Pyritz macht es der Forscherin übrigens leicht, in genau dieser Reihenfolge (induktiv) zu antworten, da er entsprechend fragt.

Nach „geschlossenen" Fragen (solche, die man normalerweise mit „Ja" oder „Nein" erwidert) antwortet dagegen kaum eine Wissenschaftlerin auf induktive Weise, sondern fast immer mit „Ja" oder „Nein", um dann Details zu ergänzen (also deduktiv).

In Spielfilmdialogen antworten die Figuren selten mit „Ja" oder „Nein", selbst auf geschlossene Fragen. Solche Antworten sind dramaturgisch meist weniger interessant und werden deshalb von Drehbuchautoren gemieden. In der Realität ist das wie erwähnt anders. Für mich war es schwierig, überhaupt Beispiele induktiver Erzählweise zu finden.

Ich muss meine obigen Ausführungen etwas relativieren. Zwar ist es so, dass Sie bei deduktiver Erzählweise die Katze gleich zu Beginn aus dem Sack lassen. Aber die anschließenden Ausführungen können durchaus andere, ebenfalls interessante Fragen beantworten: Wenn Sie sagen, dass Sie xy nachweisen konnten, stellt sich vielleicht die Frage, *wie* Sie xy nachweisen konnten. Es folgt ein Beispiel für solch deduktives Erzählen:

Im Interview mit Stefan Klein beantwortet der Zoologe Randolf Menzel zunächst die Frage nach der neuen Erkenntnis, um anschließend zu erzählen, wie er diese gewonnen hat:

Stefan Klein: „Was genau war denn die neue Erkenntnis?"

Randolf Menzel: „Dass Bienen ziemlich komplexe Entscheidungen treffen. Sie folgen keineswegs nur stur einem Programm, sondern haben Absichten und Pläne. Wir haben das erkannt, als wir einmal ihre gewohnte Futterstelle versiegen ließen. Sobald die Bienen das herausfinden, fliegen sie zum Stock zurück. Manche Tiere brechen dann erneut zu der gewohnten Futterstelle auf […]" In den weiteren Ausführungen wird nach und nach klar, warum Menzel schlussfolgert, dass Bienen komplexe Entscheidungen treffen." [16]

Idealerweise sind Sie sich immer bewusst, welche Fragen Sie im Kopf ihrer Zuhörer erzeugen und bis zur Beantwortung aufrechterhalten. Das zwingt Sie letztlich, die Bedürfnisse Ihres Publikums im Blick zu behalten: Welche Fragen sind die interessantesten? Auf diese Weise nehmen Sie Ihr Publikum wirklich ernst – gerade indem Sie ihm *nicht* frühzeitig das Interessanteste verraten.

Übrigens sind induktives und deduktives Erzählen laut Gregor Alexander Heussen nur zwei Spielarten unterschiedlicher Erzählabläufe, die er „Rote Fäden" nennt [82].

„Thou shalt not bore."
Billy Wilder (1906–2002), Filmregisseur [83]

Tipp 57: Spannung durch Struktur

Mit Struktur können Sie Spannung schaffen. Das ist erst einmal eine gute Nachricht, denn Struktur hilft gleichzeitig, Ihre Inhalte verständlich zu kommunizieren: Laut Rhetorik-Expertin Cornelia Gericke fördern erstens Struktur und zweitens Einfachheit die Verständlichkeit [84]. Dieser Zusammenhang leuchtet schnell ein; aber was hat Struktur mit Spannung zu tun?

Struktur ist immer dann spannungsbildend, wenn sie Inhalte ankündigt und Erwartungen weckt. Im Folgenden demonstriere ich zunächst, wie das im Kleinen funktioniert und anschließend, wie das im Großen funktioniert. (Dieser Satz hat übrigens auch ankündigenden Charakter.)

Zunächst also im Kleinen: „Dafür gibt es fünf Gründe." Wenn Ihr Publikum das hört, weiß es, was folgen wird, nämlich – ganz einfach – fünf Gründe. Der Satz gibt Ihren Ausführungen Struktur; und er erzeugt gleichzeitig Spannung: Wie lauten die fünf Gründe? In ähnlicher Weise können Sie folgende, strukturbildenden Wortpaare für Ihre Sprechdramaturgie nutzen: „Einerseits ... andererseits", „entweder ... oder", „früher ... heute", „pro ... kontra", „zunächst ... anschließend". Immer wenn das Publikum den ersten Teil des Wortpaares hört, erwartet es automatisch und „gespannt" den zweiten Teil.

Wie andere das machen
Der Astrophysiker Stephen Hawking erklärt, man brauche drei Zutaten, um ein Universum zu „kochen".

Anschließend beschreibt er nacheinander jede dieser drei Zutaten. Den Wortlaut finden Sie in Tipp 31.

Ähnlich macht es der Historiker Yuval Noah Harari: Er sagt in seinem Hörbuch *21 Lektionen für das 21. Jahrhundert:* „Beim Versuch moralische Dilemmata dieses Ausmaßes zu verstehen und zu beurteilen, greifen die Menschen oftmals auf eine von vier Methoden zurück. Die erste besteht darin, das Problem zu schrumpfen – also so zu tun, als handele es sich beim syrischen Bürgerkrieg um einen Konflikt zwischen zwei Wildbeutern [...]" Harari führt dies im Folgenden weiter aus und erklärt anschließend auch die drei anderen Methoden mithilfe diverser konkreter Beispiele [5].

Im Großen funktioniert es so: Am Anfang stellen Sie in Aussicht, was der Zuhörer während Ihres Vortrags erfahren wird. Oft weckt schon der Titel bestimmte Erwartungen. Diese konkretisieren Sie, wenn Sie zu Beginn einen Ausblick darauf geben, worüber Sie sprechen wollen. Dabei könnten Sie z. B. sagen: „Was Obst mit der Fähigkeit zu tun hat, Farben zu sehen, das werden Sie im zweiten Teil meines Vortrags hören." Der Zuhörer erwartet nun, genau das zu erfahren. Und wenn ihn der angedeutete Zusammenhang interessiert – wenn er neugierig ist –, dann stehen die Chancen gut, dass er Ihrem Vortrag bis zum Ende folgt. Erkennen Sie den *information gap* aus Tipp 56?

Wie andere das machen
Vor einer Weile habe ich einen Vortrag des Leipziger Biologen Martin Freiberg gehört [85]. Er stellte zu Beginn die Frage: „Was meinen Sie: Welche Tier- oder Pflanzenart wird am häufigsten zusammen mit ihrem wissenschaftlichen Namen auf Online-Fotoplattformen hochgeladen?"

Die Auflösung sollte am Ende des Vortrags folgen. Da Sie den Vortrag nicht nachhören können, verrate ich das Ergebnis: „Siegerin" war *Anas platyrhynchos,* die Stockente. *Homo sapiens* wurde übrigens auch mitgezählt und landete abgeschlagen auf Platz 3475, gemeinsam mit der Pastinake *(Pastinaca sativa).* (Was sagt das über unser Selbstbild aus?) Auch solche *fun facts* haben ihre Berechtigung in einem guten wissenschaftlichen Vortrag.

Wie erwähnt, können Sie mit einem Aus- bzw. Überblick zu Beginn gezielt Erwartungen wecken. Aber auch zwischendurch ist es möglich, auf spätere Inhalte zu verweisen.

Die Chemikerin und Journalistin Mai Thi Nguyen-Kim analysiert in einem ihrer YouTube-Videos die Kommunikation verschiedener Virologen während der Coronakrise, unter anderem auch die von Christian Drosten [86]. In Minute sechs sagt sie: „Zusammengefasst finde ich Drostens Wissenschaftskommunikation sehr gelungen. Er geht verantwortungsvoll mit seinem Expertenstatus um. Ich hätte nur ein kleines Hühnchen mit ihm zu rupfen, aber dazu kommen wir am Ende des Videos." Sicher eine Motivation, dranzubleiben. Um das Rupfen zu hören, muss man bis Minute vierzehn warten.

Tipp 58: Zusammenfassen

Starkes Strukturieren von Inhalten dient dem guten Verstehen [84]. Sie können das z. B. machen, indem Sie Inhalte vorher ankündigen (Tipp 57). Eine weitere, quasi entgegengesetzte Möglichkeit ist, die wichtigsten Inhalte am Ende einer Erzähleinheit zusammenzufassen. Zusammenfassungen dienen dem Verstehen, sind aber auch deshalb sinnvoll, weil sie den Zuhörern helfen können, besser Ihre Kernbotschaften zu erinnern (Tipp 14).

Aber Achtung: Wiederholen Sie nicht alles Gesagte mit anderen Worten, sondern fassen Sie sich wirklich kurz! Anders ist es bei komplizierten Themen: Hier kann es durchaus sinnvoll sein, denselben Sachverhalt zwei- oder dreimal ausführlich und auf unterschiedliche Weise zu erklären (Tipp 47).

Wie andere das machen

Der Astrophysiker Stephen Hawking rekapituliert in seinem Hörbuch *Kurze Antworten auf große Fragen* am Ende eines jeden Kapitels die Quintessenz des zuvor Gesagten – z. B. so: „In dieser Antwort habe ich versucht, Ursprung, Zukunft und Beschaffenheit unseres Universums ein wenig zu erklären: Das Universum war in der Vergangenheit klein und dicht und ähnelte infolgedessen der Nussschale, mit der ich begonnen habe. [...]" [2]

Tipp 59: Noch mehr gutes Formulieren

In Ratgebern für Wissenschaftskommunikation und Journalismus finden Sie zahlreiche Tipps für gutes Formulieren (guten Stil). Viele dieser Tipps eignen sich fürs Schreiben, aber nicht fürs Sprechen, weshalb ich sie in diesem Buch nicht näher ausführe. Sie sind schwer umzusetzen, wenn Sie frei reden – oder nur mit viel Übung. Es schadet natürlich nicht, sie zu kennen, und wenn Sie eine Rede auf Papier ausformulieren, können sie nützlich sein. Ich empfehle den Klassiker *Deutsch für Profis* von Wolf Schneider [87]. Im Folgenden also bloß stichwortartig eine Auswahl dieser Tipps:

- Verben stärken und Substantive reduzieren („verstehen" statt „Erkenntnis gewinnen") bzw. Substantivierungen vermeiden („Wissenschaft kommunizieren" statt „Wissenschaftskommunikation betreiben")

- mehr Aktiv, weniger Passiv („Wir haben untersucht" statt „Es ist untersucht worden"; „Kühe beweiden Wiese" statt „Wiese wird von Kühen beweidet")
- hohle Adjektive reduzieren („Maßnahmen" statt „gezielte Maßnahmen", „Tumulte" statt „tumultuöse Auseinandersetzungen")
- kurze Wörter bevorzugen („wachsen" statt „größer werden"; „lange" statt „seit einer ganzen Weile")
- Modalverben reduzieren (weniger „sollen", „müssen", „können")
- Füllwörter reduzieren (weniger „auch", „dann", „möglichst", „natürlich", „wirklich")
- Hauptsachen in Hauptsätze, Nebensachen in Nebensätze

Tipp 60: Was wäre, wenn …? (Übung)

„Es ist ein gutes Erfindungsmittel sich aus einem Systeme gewisse Glieder wegzudenken, und aufzusuchen, wie sich das Übrige verhalten würde: zum Exempel man denke sich das Eisen aus der Welt weg, wo würden wir sein?"

Dieser Aphorismus stammt von dem Naturforscher, Physiker und Mathematiker Georg Christoph Lichtenberg (1742–1792) [14]. Mir gefällt diese Übung – zu überlegen: Wie sähe die Welt aus ohne mein Forschungsobjekt? Oder ohne meine Forschungsdisziplin? Solche Gedankenspiele sind eine schöne Möglichkeit, die Bedeutung einer Sache zu veranschaulichen. Ein paar Beispiele …

... wie andere das machen

T. Colin Campbell beschäftigt sich in seinem Buch *China Study* mit der (problematischen) Rolle tierischer Proteine in unserer Ernährung. Um ihre quantitative Bedeutung herauszustellen, schreibt er: „Von vielen Fleisch- und Milchprodukten können wir den Fettanteil entfernen [...] Aber wenn wir den Proteinanteil von Tierprodukten entfernen würden, bliebe nichts vom Ursprünglichen übrig. Ein proteinfreies Steak beispielsweise würde eine Wasserpfütze sein mit Fett und einem kleinen Anteil an Vitaminen und Mineralien. [...]" [62] So ein Bild prägt sich ein.

Mai Thi Nguyen-Kim betont die fundamentale Bedeutung der Thermodynamik ebenfalls mit einem Gedankenexperiment: Was, wenn der zweite Hauptsatz der Thermodynamik nicht gelten würde? „Und die Thermodynamik sagt: Das Universum möchte nicht nur chaotisch sein, es muss chaotisch sein. Andernfalls würde es vielleicht passieren, dass ich aus heiterem Himmel ersticke, während ich diesen Satz schreibe, weil sich alle

Luftmoleküle in meinem Zimmer plötzlich in einer Ecke versammeln und ich leer ausgehe." [9]

Der Biologe Dave Goulson unterstreicht die Bedeutung von Insekten, indem er eine Welt ohne sie ausmalt. Er sagt im Interview mit der *Deutschen Welle:* „Viele Obst- und Gemüsesorten, die wir gerne essen, und auch Dinge wie Schokolade, hätten wir nicht ohne Insekten. [...] Insekten sind das Herz aller ökologischen Prozesse, die wir uns nur vorstellen können. Ohne sie würden wir in einer sterilen, langweiligen Welt leben, in der wir uns mehr schlecht als recht von Brot und Haferflocken ernähren müssten." [88]

Tipp 61: Perspektive

Überraschen Sie Ihre Zuhörer mit ungewohnten Perspektiven auf bekannte Inhalte. So gewinnen Sie Aufmerksamkeit und vertiefen vielleicht sogar das Verständnis für Ihr Thema. Die Beispiele zeigen, wie das gehen kann.

Wie andere das machen

In ihrem Hörbuch *Komisch, alles chemisch!* wirft die Chemikerin Mai Thi Nguyen-Kim einen ungewohnten Blick auf unsere Körper: „Und letztendlich seid ihr, die ihr gerade diese Zeilen hört, nichts anderes als Haufen von Molekülen, die etwas über Moleküle hören. Und Chemiker sind Haufen von Molekülen, die über Moleküle nachdenken. Das ist schon fast spirituell." [9]

Eine alternative, gleichfalls überraschende Perspektive auf unsere Körper bietet der Physiker Lawrence M.

Krauss: Wir sind alle Sternenstaub! Den Wortlaut des Zitats finden Sie in Tipp 52.

Stephen Hawking, ebenfalls Physiker, beschreibt das Universum auf eine für viele ungewohnte Weise: „Das Universum ist ein Weltraum voller Gewalt: Sterne verschlingen Planeten, Supernovas feuern tödliche Strahlen ab, Schwarze Löcher prallen aufeinander und Asteroiden rasen mit einer Geschwindigkeit von Hunderten von Meilen pro Sekunde durchs All." [2]

Der Astronom Fred Hoyle betrachtet den Weltraum dagegen mit Humor und verkürzt die gefühlte Distanz: „Der Weltraum ist überhaupt nicht weit entfernt. Nur eine Autostunde, wenn Ihr Auto direkt nach oben fahren könnte." (eigene Übersetzung) [89]

In manchen Fällen erzwingen wissenschaftliche Erkenntnisse geradezu eine neue Sichtweise. So im Fall der Quantenmechanik. Dem Quantenphysiker Erwin Schrödinger wird diese Aussage zugeschrieben: „Ich bestehe auf der Sichtweise, dass ‚alles Wellen ist'" (eigene Übersetzung) [90]. Sein Zeitgenosse und Kollege Niels Bohr: „Alles, was wir als real bezeichnen, besteht aus Dingen, die nicht als real angesehen werden können." (eigene Übersetzung) [91] Nach so viel Physik und Chemie abschließend noch drei Beispiele aus der Biologie:

Der Evolutionsbiologe Richard Dawkins hat mit seinem Bestseller *Das egoistische Gen* eine neue Perspektive auf Evolution, DNA und uns selbst geprägt. Er stellt die Gene ins Zentrum der natürlichen Selektion und formuliert das so: „Wir sind alle Überlebensmaschinen für dieselbe Art von Replikator, für Moleküle mit dem Namen DNA. Doch auf der Welt sind vielerlei verschiedene Lebensweisen möglich, und die Replikatoren haben ein breites Spektrum von Maschinen gebaut, um sie sich alle zunutze zu machen. Ein Affe ist eine Maschine, die für den Fortbestand von Genen auf Bäumen verantwortlich ist, ein

Fisch ist eine Maschine, die Gene im Wasser fortbestehen lässt, und es gibt sogar einen kleinen Wurm, der für den Fortbestand von Genen in deutschen Bierdeckeln sorgt." [56]

Wenn wir über Evolution und ihre Produkte nachdenken, fallen uns zuerst komplexe Lebewesen ein, und viele denken vermutlich an das vermeintliche Endprodukt, den Menschen. Der Evolutionsbiologe Stephen Jay Gould hat dagegen eine ganz andere Perspektive. Er sagt: „Das hervorstechendste Merkmal der Geschichte des Lebens ist die Tatsache, dass dieser Planet in Wirklichkeit über 3,5 Mrd. Jahre hinweg ein Bakterienplanet geblieben ist. Die meisten Lebewesen sind das, was sie schon immer waren: Sie sind Bakterien und sie beherrschen die Welt. Und wir müssen nett zu ihnen sein." (eigene Übersetzung) [72]

Parasiten gehören nicht unbedingt zu jenen Lebewesen, für die wir Menschen uns begeistern. Es sei denn, wir nehmen die Perspektive eines Parasitologen wie Heinz Mehlhorn ein. Sein Loblied auf Zecken finden Sie in Tipp 54.

„An jeder Sache etwas zu sehen suchen was noch niemand gesehen und woran noch niemand gedacht hat."
Georg Christoph Lichtenberg (1742–1799), Naturforscher [14]

Tipp 62: ABCC

„*accuracy, brevity, clarity*" (ABC) lautet ein Leitspruch anglo-amerikanischer Journalisten. Er eignet sich wunderbar auch für die Wissenschaftskommunikation und ich erweitere ihn gerne zu ABCC: „*accuracy, brevity, clarity, concreteness*". Es gibt in diesem Buch ein Kapitel zu *brevity* (Tipp 32), mindestens eins zu *clarity* (Tipp 31) und eins zu *concreteness* (Tipp 35). *Accuracy* sollte für eine Wissenschaftlerin selbstverständlich sein.

Tipp 63: Vertrauen gewinnen

Laien bezweifeln selten das fachliche Können einer Wissenschaftlerin. Das heißt aber nicht, dass sie Ihnen automatisch vertrauen. Besonders dann, wenn Sie auf gesellschaftlich umstrittenen Feldern arbeiten wie z. B. die Grüne Gentechnik, Präimplantationsdiagnostik, Nukleartechnologie oder Geoengineering. Laut Psychologe Rainer Bromme basiert Vertrauen auf drei Säulen: Man muss Ihnen erstens das fachliche Können zuschreiben (wie erwähnt meist kein Problem), zweitens Integrität und drittens gute Absichten [92]. Wenn Sie also Vertrauen gewinnen wollen, sollten Sie auf diese Punkte eingehen.

Gute Absichten zeigen Sie, indem Sie über Ihre persönliche Motivation sprechen. Vielleicht wollen Sie eine Anwendung entwickeln, die auch Ihren Zuhörern nutzen könnte, oder es treibt Sie die reine Neugier. Wenn man bei Ihnen Interessenskonflikte vermutet, sollten Sie diese ansprechen (und jene Ihrer Kritiker gleich mit).

Integrität bedeutet, dass Sie nach den Regeln guter Wissenschaft arbeiten. Sie werten z. B. Ihre Daten ergebnisoffen aus, und Sie lassen keine unliebsamen Fakten unter den Tisch fallen. Daraus folgt, dass Sie über Ihre Arbeitsweise und Methodik sprechen sollten. Auch über „negative" Ergebnisse, über Irrtümer, Fehlschläge und Sackgassen. Und über konträre Sichtweisen Ihrer Kolleginnen. Mit solcher Transparenz und Offenheit gewinnen Sie nicht nur „informiertes Vertrauen" (Rainer Bromme) in Ihre Person, sondern vergrößern auch das Wissen darüber, wie Wissenschaft funktioniert. Mai Thi Kim-Nguyen z. B. erklärt in ihrem Hörbuch *Komisch, alles chemisch!* sehr schön, wie Wissenschaftlerinnen arbeiten, was Wissenschaft leisten kann und was nicht [9]. Solche Meta-Informationen stärken die so wichtige *scientific literacy* in unserer Gesellschaft. Vielleicht schafft man es auf diese Weise sogar, denjenigen das Wasser abzugraben, die mit wohlklingenden Halbwahrheiten und Pseudowissenschaft Erfolge feiern.

ICH WERDE NUN OFFEN DARLEGEN, MIT WELCHER METHODIK ICH DIE GUTE ABSICHT VERFOLGE, DIE WELTHERRSCHAFT AN MICH ZU REIßEN.

Obwohl er Tipp 63 genau studiert hatte, gelang es Dr. A. nicht, das Vertrauen seiner Zuhörer zu gewinnen.

Vertrauen hat aber auch mit persönlicher Wärme zu tun. Eine Studie hat gezeigt, dass Wissenschaftlerinnen, die auf Instagram mithilfe von Selfies „Gesicht zeigten", als besonders „warm" und vertrauenswürdig wahrgenommen wurden (ohne dabei weniger kompetent zu wirken) [93]. Das bedeutet für alle kommunizierenden Wissenschaftlerinnen: Allein dadurch, dass Sie den persönlichen Auftritt in der Öffentlichkeit suchen und als Mensch sichtbar werden, vergrößern Sie das Vertrauen in Ihre Person und in Ihre Forschung.

Was andere dazu sagen
Das folgende Zitat wird dem Astrophysiker und Fernsehmoderatoren Carl Sagan zugeschrieben[14]: „In der Wissenschaft kommt es oft vor, dass Forscher sagen: ‚Wissen Sie, das ist ein wirklich gutes Argument; meine Ansicht ist

---

[14]Für dieses Zitat konnte ich keine Primärquelle finden.

falsch', und dann ändern sie tatsächlich ihre Meinung, und man hört diese alte Ansicht nie wieder von ihnen. Sie tun es wirklich. Es passiert nicht so oft wie es sollte, denn Forscher sind Menschen, und Veränderungen sind manchmal schmerzhaft. Aber es geschieht jeden Tag. Ich kann mich nicht daran erinnern, wann zuletzt so etwas in der Politik oder in der Religion passiert ist." (eigene Übersetzung) Wenn Wissenschaftlerinnen so, wie von Sagan beschrieben, kommunizieren, dann handeln sie vorbildlich und schaffen Vertrauen. Leider habe ich bei den Recherchen für dieses Buch kaum Beispiele gefunden, in denen Wissenschaftlerinnen offen Irrtümer eingestehen, denen sie in ihrer eigenen Forschung erlegen sind. Weisen Sie mich gerne auf welche hin!

> „Die Wissenschaft besteht nur aus Irrtümern. Aber diese muß man begehen. Es sind die Schritte zur Wahrheit."
> Jules Verne (1828–1905), Schriftsteller [94]

> „Die große Tragödie der Wissenschaft: die Erledigung einer wunderschönen Hypothese durch eine hässliche Tatsache."
> Thomas Henry Huxley (1825–1895), Biologe [95]

Tipp 64: Unsicherheiten benennen

„Das kommt drauf an." „Da muss man differenzieren." „Das geben unsere Daten nicht her." Das sind Sätze, die mancher Journalist ungern hört. Schließlich hat er das Gespräch mit der Expertin gesucht, um offene Fragen möglichst eindeutig zu klären. Aber wissenschaftliche Erkenntnisse sind – anders als der Laie denkt – voller Unsicherheiten und meist vorläufig. Eindeutige Handlungsempfehlungen gar lassen sich aus einer einzelnen Studie selten ableiten. Wie gehen Sie damit um?

Seien Sie redlich und benennen Sie die Unsicherheiten. Auch wenn das Risiken birgt: Sie enttäuschen vielleicht den Journalisten. Selbst das Vertrauen in Ihre Person könnte leiden [96]. Wichtiger jedoch ist, dass Sie die Glaubwürdigkeit und Integrität der wissenschaftlichen Zunft mitverantworten.

Wenn Sie Pech haben, ändert der Journalist Ihre Aussagen eigenmächtig vom Konjunktiv in den Indikativ. Oder er sucht sich beim nächsten Mal einen anderen Interviewpartner.

Wie andere das machen

Der Biochemiker und KlarText-Preisträger Christian Schiffer hat untersucht, wie menschliche Spermien auf Umweltchemikalien reagieren. Im Interview mit *Wissenschaftskommunikation.de* legt er großen Wert auf den Konjunktiv, wenn es darum geht, seine Ergebnisse zu interpretieren. Er sagt: „Dann könnte man die Ergebnisse, die wir produziert haben, so interpretieren, dass dies zu einem Problem bei der Befruchtung führen könnte. Aber: das können wir nicht experimentell überprüfen und folglich nicht mit Bestimmtheit sagen. Deshalb ist der Konjunktiv hier ganz wichtig. Sehr wichtig! Um den Beweis anzutreten, müssten wir nämlich Menschen mit verschiedenen Chemikalien kontaminieren und naturwissenschaftlich den Befruchtungserfolg in An- und Abwesenheit dieser Chemikalien untersuchen. Das ist aus naheliegenden ethischen Gründen natürlich vollkommen absurd und unmöglich. Wir müssen feinfühlig zwischen dem Ergebnis und möglichen Interpretationen unterscheiden." [97] Vorbildlich!

Auch die Ärzte des Murdock Children's Research Institute benennen offen Unsicherheiten und Schwächen ihrer Studie über Narkose bei Säuglingen [98]. Kein Grund für *faz.net,* nicht darüber zu berichten – mit derselben Offenheit: „Streng genommen gelten die Ergebnisse damit eigentlich nur für Jungen. Ungünstig ist auch, dass aus medizinischen Gründen mehrfach vom Studienprotokoll abgewichen werden musste. [...] Davidson und seine Kollegen betonen auch ausdrücklich, dass ihre Studie keine Aussagen zur Wirkung längerer Narkosen oder vieler Narkosen auf die Gehirnentwicklung von Säuglingen macht. Ihre Entwarnung gilt nur für eine einzige, maximal einstündige Operation." [99]

Der Biologie Josef (Sepp) Settele lässt sich ebenfalls nicht zu einfachen, allzu plakativen Botschaften hinreißen – auch wenn seine Aussage dadurch sperriger wird. Der Wissenschaftsjournalist Fritz Habekuß thematisiert genau das in seinem *ZEIT*-Bericht: „Insektensterben, gibt es das, Sepp? ‚Ich würde nicht sagen, ein Insektensterben gibt es nicht', antwortet der Ökologe, ‚alles, was wir wissen, deutet darauf hin. Nur wissen wir sehr wenig über die Details und Kausalitäten.' Die doppelte Verneinung, mit der sich Settele zum Thema äußert, kennzeichnet den Forscher, dessen Gegenstand ähnlich komplex ist wie der Klimawandel. Laien verstehen das Problem eher, wenn es auf klare Botschaften und Zahlen heruntergebrochen wird. Das aber macht angreifbar, denn jede Vereinfachung kann auch missbraucht und instrumentalisiert werden." [20]

Was andere dazu sagen
Alle Wissenschaftlerinnen müssen sich die Frage stellen, wie sie mit Unsicherheiten umgehen. Einige haben sich dazu geäußert:

Reinhard Hüttl, Leiter des Deutschen Geoforschungs-
zentrums GFZ, sagt mit Bezug auf das Thema Klimawandel: „Sie [die Forschenden] sollen als ehrliche Makler
auftreten und Grenzen des Wissens benennen. Sie sollen
nicht übertreiben, und sie sollen beim Klima nicht den
Weltuntergang an die Wand malen." [100]

Für die Kommunikationswissenschaftlerin Senja Post ist
die transparente Darstellung von Unsicherheiten wichtig,
um Glaubwürdigkeit und Vertrauen aufzubauen. Sie sagt:
„Strategisch günstiger ist es da, von sich aus Unsicherheiten zu benennen. Wir wissen auch aus Studien, dass
dies die Glaubwürdigkeit von Forschenden erhöht und
nicht etwa vermindert." [101]

Der Virologe Christian Drosten erweitert den Blick
noch etwas: Er verweist auf die Notwendigkeit politischer
Entscheidungen trotz wissenschaftlicher Unsicherheiten.
Während der Coronakrise 2020 sagt er: „Ich sehe meinen
Job nicht darin, die Wahrheit zu verkürzen, sondern darin,
die Aspekte der Wahrheit zu erklären, aber auch Unsicherheiten zuzulassen und zu sagen: Das weiß man so nicht –
und dass dann eine politische Entscheidung nötig ist. Und
solange es als politische Entscheidung kommuniziert wird,
finde ich das in Ordnung." [102]

Wenn man offen sagt, wo die Unsicherheiten liegen,
dann sollte man aber auch nicht verschweigen, wo die
Sicherheiten liegen – wie der Psychologe Rainer Bromme
betont: „Wichtig scheint mir, dass wir klar sagen, wo wir
diese Gewissheit haben, und auch klar sagen, wo eben
nicht." [92] Das finde ich persönlich sehr wichtig. Vergessen wir nicht darauf hinzuweisen, welche Errungen-
schaften uns die Wissenschaften beschert haben – trotz
aller Unsicherheiten und trotz aller offenen Fragen! Wie
sähe unser Leben ohne Chemie und Schulmedizin aus?

„Mir gefällt der wissenschaftliche Geist – das Zurück-
halten, das Sich-sicher-sein, aber nicht allzu sicher, die
Bereitschaft, Ideen aufzugeben, wenn die Indizien dagegen
sprechen: Das ist letztlich gut so – es hält immer den Weg
dahinter offen." (eigene Übersetzung) Walt Whitman
(1819–1892), Dichter und Journalist [103]

Tipp 65: Ansichten und Meinungen

Journalisten fragen gerne nach Meinungen und persönlichen Ansichten („Wie finden Sie das?" „Was vermuten
Sie?" „Was empfehlen Sie?" „Was sollten wir tun?" …),
und Sie sollten grundsätzlich bereit sein, welche zu vertreten. Allerdings sollte Ihre persönliche Ansicht als solche
klar erkennbar sein; Ihre Zuhörer sollten immer wissen,
ob es gerade um evidenzbasierte Forschungsergebnisse
geht, um deren Interpretation oder um Ihre persönliche
Ansicht. Nicht immer sind diese Grenzen leicht zu ziehen.

Wie andere das machen
In seinem Vortrag „A Time Traveller's Tale" sagt der
Physiker Brian Greene: „Zeitreisen – in die Zukunft –
sind Teil dessen, wie die Welt funktioniert. Einstein hat
uns dies vor über einem Jahrhundert gelehrt. Es ist nicht
umstritten. Wenn Sie eine Rundreise in einem Raumschiff mit annähernd Lichtgeschwindigkeit machen oder
sich in der Nähe des Randes eines Schwarzen Lochs auf-
halten, werden Sie bei Ihrer Rückkehr zur Erde feststellen,
dass Sie in die Zukunft gesprungen sind. Zurückkehren,

in die Vergangenheit reisen, das ist das große Fragezeichen. Meine Vermutung ist, dass die Vergangenheit nicht verändert werden kann. Man kann nicht ändern, was bereits geschehen ist." (eigene Übersetzung) [104] Zunächst spricht Greene vom gegenwärtigen, weitgehend gesicherten Erkenntnisstand. Dann thematisiert er eine bis heute ungeklärte Frage und gibt dazu seine persönliche Einschätzung – der Ausdruck „Meine Vermutung ist" (im Original „my guess is") macht das sehr deutlich.

Der Soziologe Oliver Decker sagt im Interview bei *Spiegel-Online* über seine Autoritarismus-Studie: „Eher ist es so, dass AfD-Wähler häufig eine starke Befürchtung haben, dass es ihnen in den nächsten Jahren schlechter gehen könnte. Man kann das zum Teil so interpretieren, dass sich diese Menschen verunsichert fühlen, allein weil die persönliche Identifikation mit der starken Wirtschaft bedroht ist." [105] Im ersten Satz geht es um die Befragungsergebnisse, im zweiten um deren Interpretation. Mit der Formulierung „kann das zum Teil so interpretieren" macht Decker diese Unterscheidung deutlich.

Der Biologe Christian Wirth spricht im Interview mit der Leipziger Studentenzeitung *luhze* über die Fridays-for-Future-Bewegung. Durch Kontext und Formulierung wird offensichtlich, dass er hier nicht von Forschungsergebnissen spricht, sondern seine persönliche Einschätzung zu einem gesellschaftspolitischen Thema wiedergibt: „Mich beeindruckt sehr, dass diese junge Generation – der man lange nachgesagt hat, sie sei an Politik nicht interessiert – auf einmal eine Rolle einnimmt, die Wissenschaft ernstnimmt und ihr so wieder Würde gibt. Das stimmt mich hoffnungsvoll. Bei meinen Recherchen zu Fridays for Future habe ich gemerkt, wie intensiv sich die Jugendlichen mit der Materie auseinandersetzen." [106]

Manchmal muss man dagegen betonen, dass die Darstellung eines Sachverhalts *keine* Meinung wiedergibt. Der Biologe Richard Dawkins schreibt in seinem Buch *Das egoistische Gen:* „Ich trete nicht für eine Ethik auf der Grundlage der Evolution ein. Ich berichte lediglich, wie die Dinge sich entwickelt haben. Ich sage nicht, wie wir Menschen uns in moralischer Hinsicht verhalten sollen. Ich betone dies angesichts der Gefahr, daß ich von jenen – allzu zahlreichen – Leuten falsch verstanden werde, die nicht unterscheiden können zwischen einer Darstellung dessen, was nach Überzeugung des Sprechenden oder Schreibenden der Fall ist, und einem Plädoyer für das, was der Fall sein sollte." [56]

Auch der Astrophysiker Stephen Hawking macht in seinem Buch *Kurze Antworten auf große Fragen* eine solche Klarstellung. Er schreibt: „Ich sage nicht, Genmanipulationen an Menschen sei eine gute Sache, ich sage lediglich, es wird wahrscheinlich im nächsten Jahrtausend dazu kommen, ob wir es wollen oder nicht. Deshalb glaube ich auch nicht an Science-Fiction-Filme wie Star Trek, in denen die Menschen über 350 Jahre in die Zukunft sich selbst gleich geblieben sind. Ich nehme an, die Gattung Mensch und ihre DNA wird sich in puncto Komplexität ziemlich rapide steigern." [2]

Tipp 66: Textarme Folien

Wenn Sie einen Vortrag halten, sollen die Menschen an Ihren Lippen hängen. Verhindern Sie das nicht, indem Sie zeitgleich Folien voller Text zeigen. Entweder Ihr Publikum hört zu oder es liest.

Geizen Sie mit geschriebenem Text. Doppeln Sie nicht, was Sie bereits mündlich erklären. Schreiben Sie Stichworte auf Ihre Folien, keine Sätze. Folien eignen sich für Inhalte, die man besser zeigen als in Worte fassen kann. Das sind vor allem Bilder: Fotos, Grafiken oder Diagramme. Dass sich Bilder und gesprochenes Wort (zeitgleich) gut ergänzen, kennen wir von Film und Fernsehen.

Viele Wissenschaftlerinnen neigen dazu, zu viel Text auf ihre Folien zu packen. Oft sind die Folien dann nicht nur für das Publikum gedacht, sondern dienen gleichzeitig als Redemanuskript. Keine gute Idee! Dass es sogar ohne Folien gehen kann, beweist das erfolgreiche Vortragsformat TED.

Es gibt wenige Fälle, wo eine Textdoppelung – mündlich *und* schriftlich gleichzeitig – sinnvoll sein kann: Die Wirkung eines guten Zitats z. B. können Sie durch eine solche Doppelung verstärken.

4

Der Auftritt: Para- und nonverbale Kommunikation: Tempo, Körpersprache und Bewegung

Tipp 67: Langsam!

Nehmen Sie sich Zeit beim Sprechen. Legen Sie Pausen ein. Ruhig lange Pausen. Und sprechen Sie langsam. Sie nehmen mit langsamem Sprechen und häufigen Pausen Raum ein – akustischen Raum. Damit strahlen Sie Souveränität und Selbstsicherheit aus. Achten Sie einmal auf die wirkungsvollen Pausen in den Reden Barack Obamas. Oder sehen Sie sich noch einmal eines der typisch „langsamen" Interviews mit Altkanzler Helmut

© Der/die Herausgeber bzw. der/die Autor(en), exklusiv lizenziert durch Springer-Verlag GmbH, DE, ein Teil von Springer Nature 2020
V. Hahn, *Die souveräne Expertin – 77 Tipps für die verbale Wissenschaftskommunikation,*
https://doi.org/10.1007/978-3-662-61723-6_4

Schmidt an. Die unausgesprochene Botschaft lautet: „Ich habe keine Angst, unterbrochen zu werden. Ich habe keine Angst, verstanden zu werden. Denn was ich sage, das hat Hand und Fuß."

Wie ich in Tipp 18 erläutert habe, verändert das Einnehmen von Raum die eigenen Emotionen. Die Stanford-Wissenschaftlerinnen Lucia Guillory und Deborah Gruenfeld konnten zeigen, dass dies nicht nur für Körpersprache *(high power poses)* gilt, sondern auch für langsames Sprechen: Probanden, die im Experiment langsamer sprechen mussten, fühlten sich anschließend selbstsicherer und stärker [107]. Nutzen Sie diesen Effekt für sich. Nehmen Sie sich die Zeit, die Sie verdienen. Sprechen Sie langsam. Sie profitieren vierfach: Erstens fühlen Sie sich besser (stärker), zweitens wirken Sie souveräner auf Ihre Zuhörer, drittens haben Sie mehr Zeit, gute Gedanken zu formulieren und viertens haben Ihre Zuhörer mehr Zeit, diese zu verstehen.

> „Wir fanden heraus, dass sich Teilnehmer, die langsamer sprachen, stärker fühlten als jene, die schneller sprachen."
> (eigene Übersetzung) Lucia E. Guillory und Deborah H. Gruenfeld [107]

Tipp 68: Zeigen und vormachen (Lebendigkeit)

David Wright, Physik-Professor des Tidewater Community College in den USA, liebt Experimente. Es knallt, schießt, stinkt und leuchtet in seinen Vorlesungen. Oft ist er selbst Teil seiner Versuche und seine Studierenden lieben ihn dafür. Mittlerweile ist er sogar ein Star in den sozialen Medien – sonst hätte ich nie von ihm gehört. Es gibt sicher viele Professoren und Lehrer wie David Wright und ich wette, die meisten von ihnen sind sehr beliebt.

Wenn auch Sie die Möglichkeit haben, Ihre Themen nicht nur anschaulich in Worte zu fassen, sondern physisch zu zeigen, dann tun Sie dies. Bringen Sie also nicht nur statische PowerPointfolien mit zum Vortrag (Tipp 66), sondern auch Objekte. Zeigen Sie. Spielen Sie vor. Machen Sie nach. Setzen Sie die Laborbrille oder den Tropenhelm auf … Bringen Sie Physis in Ihren Auftritt!

Wie andere das machen

Der Mediziner und Statistik-Guru Hans Rosling spricht in einem seiner populären TED-Talks über die Entwicklung der Kindersterblichkeit in den vergangenen Jahrzehnten. Ein auf die Leinwand projiziertes Diagramm zeigt gelbe, rote und braune Kreise, die jeweils die USA, Japan und Schweden repräsentieren. Rosling sagt: „Und ich werde hier ein Rennen veranstalten zwischen diesem gelben Ford hier und dem roten Toyota da unten und dem bräunlichen Volvo." Dann lässt Rosling die Kreise per Animation über das Diagramm wandern und moderiert mit schnellen Gesten im Stil eines Sportreporters: „Und los geht's. Los geht's. Der Toyota hat hier unten einen sehr schlechten Start – sehen Sie. Und der US-Ford kommt dort etwas vom Weg ab. Und der Volvo macht sich ganz gut. Dann kommt der Krieg. Der Toyota kommt vom Weg ab. Und jetzt nähert sich der Toyota auf der gesünderer Seite von Schweden – können Sie das sehen? Und sie überholen Schweden. Und sind jetzt gesünder als Schweden. An dieser Stelle habe ich den Volvo verkauft und den Toyota gekauft." (eigene Übersetzung) Ich empfehle, dass Sie sich das im Video ansehen [108] (Minute sieben).

Tipp 69: Standort wechseln

Wir schauen gerne Menschen zu, die sich bewegen (Tipp 74). Wenn Sie einen Vortrag halten, können Sie das für sich nutzen. Indem Sie Ihren Standort immer wieder wechseln, nehmen Sie im wahrsten Sinne des Wortes Raum ein und signalisieren damit gleichzeitig Selbstbewusstsein. Das heißt nicht, dass Sie permanent hin und her rennen sollen. Bewegen Sie sich stattdessen gezielt, um die Struktur Ihres Vortrags zu unterstützen. Gehen Sie z. B. zum Flipchart, wenn Sie Ihre Gliederung zeigen; zur Leinwand, wenn Sie über Bilder auf den Folien sprechen; und zur vordersten Sitzreihe, wenn Sie direkt mit dem Publikum interagieren. Jeder Ortswechsel ist eine kleine Zäsur und erlaubt Ihnen, sich auf den kommenden Abschnitt zu konzentrieren.

Tipp 70: Körpersprache nicht (allzu sehr) kontrollieren

Wenn Sie sich für Körpersprache interessieren, finden Sie in entsprechenden Ratgebern haufenweise Tipps. Z. B., dass man die Stellung der Finger kontrollieren soll. Oder beim Nachdenken den Blick nicht vom Gegenüber wenden soll. Und gleichzeitig die Körpersprache des Gegenübers deuten soll. Das ist natürlich völlig unrealistisch und endet in irgendwelchen Psychospielen, die nach hinten losgehen. Sie verlieren jede Entspanntheit, Natürlichkeit und Authentizität.

Studien haben gezeigt: Probanden, die sich in einer Interviewsituation sehr um eine positive Körpersprache bemühen, können damit selten punkten [109]. Das hat verschiedene Gründe. Zum einen führt die bewusste Kontrolle dazu, dass die Körpersprache künstlich und aufgesetzt wirkt. Und zum anderen führt sie dazu, dass Sie nicht mehr „im Moment" sind. Das heißt, Sie können sich auf wichtige Dinge schlechter konzentrieren: auf das Gegenüber und auf die Inhalte, um die es hier und jetzt geht.

Der Eindruck, den eine Person hinterlässt, hängt sehr von Äußerlichkeiten und Körpersprache ab – das haben unzählige Studien gezeigt. Aber das ist nichts wert, wenn die Substanz dahinter fehlt. Gerade Wissenschaftlerinnen werden – zurecht – an den Inhalten gemessen. Am wichtigsten und Basis für alles andere ist deshalb *was* Sie sagen.

Ich beschränke mich in diesem Ratgeber deshalb auf wenige Empfehlungen, was Sie während Ihres Auftritts bewusst steuern sollten: langsames Sprechen und Pausen (Tipp 67), Position der Hände, wenn Sie stehen (Tipp 73), alternativ die Sitzposition (Tipp 75) sowie sporadische Standortwechsel während eines Vortrags (Tipp 69).

Trotzdem können Sie Körpersprache nutzen, um sich auf Ihren Auftritt vorzubereiten (Tipp 18); und Sie können sich langfristig eine natürliche, offene und selbstsichere Körperhaltung antrainieren (Tipp 71).

> „Suche keine Effekte zu erzielen, die nicht in deinem Wesen liegen. Ein Podium ist eine unbarmherzige Sache – da steht der Mensch nackter als im Sonnenbad."
> Kurt Tucholsky alias Peter Panter (1890–1935), Journalist und Schriftsteller [23]

Tipp 71: Offene Körperhaltung

Bevor ich zum Aber komme: Eine offene Körperhaltung ist grundsätzlich gut. Aufrechter Oberkörper, Blick nach vorne, Hände auf Hüfthöhe, Beine schulterbreit geerdet: So wirken Sie offen und selbstsicher. Aber nicht nur auf andere machen Sie einen guten Eindruck, auch auf sich selbst – denn die Körperhaltung verändert die eigene innere Haltung (Tipp 18). Nehmen Sie deshalb zu Beginn Ihres Auftritts eine bewusst offene Körperhaltung ein und überprüfen Sie diese in Pausen.

Nun komme ich zum Aber: Versuchen Sie nicht, Ihre Körpersprache während des Auftritts permanent zu kontrollieren – das geht nach hinten los (Tipp 70). Arbeiten Sie stattdessen lieber langfristig an einer „besseren" Körperhaltung. Achten Sie immer wieder darauf, bemühen Sie sich jeden Tag ein kleines bisschen um eine aufrechte, offene Haltung. *Self-nudging* nennt Sozialpsychologin Amy Cuddy diese Methode.[1]

Tipp 72: Cheese

Dezentes Lächeln macht Sie sympathisch. Aber übertreiben Sie es nicht – Sie sind nicht die Lottofee. Wenn es um sehr ernste Themen geht (Katastrophen, Krieg, Epidemien, Rassismus etc.) kann Lächeln fehl am Platz sein. Das gilt auch für Humor (Tipp 55).

---

[1]Wie viele lang gewachsene Menschen neigte ich früher dazu, mich klein zu machen. Der Oberkörper fiel unwillkürlich nach vorne ein. Gleichzeitig litten meine Bandscheiben. Zwei Rücken-OPs später begann ich an meiner Körperhaltung zu arbeiten. Am Anfang erwischte ich mich trotz aller Vorsätze immer wieder bei einer schlechten Haltung. Mit viel Geduld und unzähligen *self-nudges* habe ich mir mittlerweile eine bessere, aufrechtere und offenere Körperhaltung antrainiert.

Tipp 73: Hände hoch! (Gut stehen)

Sie geben ein Interview im Stehen oder halten eine Rede auf offener Bühne. Wohin mit den Händen? In die Hosentaschen stecken? Vor der Brust verschränken? In die Seiten stemmen? Wer schon einmal in dieser Situation war, weiß, dass es keinen natürlichen Ort für die Hände gibt in dieser unnatürlichen Situation. Und der weiß auch, wie unangenehm sich das anfühlt.

Die Lösung ist simpel: Nehmen Sie die Hände auf Höhe der Taille und führen Sie sie in der Mitte zusammen. Hier können Sie die Hände locker ineinanderlegen. Von dieser Grundposition aus bewegen sie die Hände frei, gestikulieren unverkrampft und führen sie wieder in die Grundposition zurück – es wird sich nach einer kurzen Weile ganz natürlich anfühlen.

Sie können auch probieren, etwas in die Hand zu nehmen, z. B. ein paar Karteikarten mit Notizen, einen Kugelschreiber oder Laserpointer. Manche fühlen sich wohler, wenn sie etwas zum „Festhalten" haben.

Die Füße sollten Sie übrigens schulterbreit stellen, damit Sie beim Interview nicht ungewollt hin und her wackeln.

Tipp 74: Gesten zulassen

Gesten kommen ganz natürlich, sie helfen uns beim Denken und Sprechen (weshalb wir z. B. auch beim Telefonieren gestikulieren und weshalb auch Blinde gestikulieren). Lassen Sie sie zu und geben Sie ihnen Raum. Die meisten Gesten, die wir beim Reden machen, sind unspezifisch: Sie verstärken und betonen bloß das Gesagte. Besonders schön sind solche Gesten, die eine bildliche Entsprechung des Gesagten sind: „Widerspruch" oder „Gegensatz" z. B. – dargestellt mit zwei sich treffenden Fäusten.

Großartig sind Gesten, die Metaphern sichtbar machen: Der Biologe E. O. Wilson zeichnet im BBC-Interview die Biosphäre mit Daumen und Zeigefingern kreisförmig in die Luft. Dabei bezeichnet er sie als hauchdünne Schicht von Lebewesen *(razor-thin layer of organisms)* [55]. Metapher und Geste machen die abstrakte Biosphäre zu etwas Konkretem und Sichtbarem; Wilsons Interview wird lebendiger, man spürt seine Leidenschaft fürs Thema.

Überlegen Sie sich für Ihre wichtigsten Inhalte starke Gesten. Versuchen Sie aber nicht, Ihre Gestik permanent zu kontrollieren – sonst wirkt sie aufgesetzt (Tipp 70).

Tipp 75: Gut sitzen

Wie sitzt man gut? Auch so eine Frage, die sich im Alltag selten stellt. Sehr wohl jedoch, wenn man plötzlich in Diskussionsrunde oder Interview einen Sessel füllen muss. Aber die Frage ist nicht leicht zu beantworten. Jeder Sessel ist anders. Jedes Interview ist anders. Wenn Sie tief in den Sessel sinken, Kopf zurückgelehnt, Beine breit übereinandergeschlagen, kann das arrogant oder gar respektlos wirken. Wenn Sie sich dagegen aufrichten und vorbeugen, die Arme verschränken, erscheinen Sie vielleicht verspannt oder aggressiv. Grundsätzlich plädiere ich für eine entspannte, offene Körperhaltung: z. B. moderat zurücklehnen, Arme und Hände auf die Seitenlehnen.

Vielleicht können Sie sich schon im Vorfeld über das Setting informieren – indem Sie beispielsweise bei einer TV-Sendung bereits gesendete Ausgaben anschauen. Ansonsten müssen Sie Ihre Sitzposition vor Ort finden – abhängig von Situation, Sitzmöbel und Gesprächsinhalt. Scheuen Sie sich nicht, bei Bedarf um ein Kissen zu bitten, damit Sie höher oder bequemer sitzen.

5

Nach dem Auftritt

Tipp 76: Vielleicht dürfen Sie gegenlesen

Ich bin die Expertin ... denken Sie sich und bieten dem Journalisten an, seinen Bericht noch einmal gegenzulesen – damit auch alles korrekt ist. Und dann sagt der: Nein.

Pech gehabt. Auch wenn Sie unbestritten die Expertin sind – Sie haben kein Anrecht, den Bericht des Journalisten zu überprüfen. Sie können es nur anbieten. Manche Journalisten werden Ihr Angebot dankend annehmen – vor allem dann, wenn die Veröffentlichung

© Der/die Herausgeber bzw. der/die Autor(en), exklusiv lizenziert
durch Springer-Verlag GmbH, DE, ein Teil von Springer Nature 2020
V. Hahn, *Die souveräne Expertin – 77 Tipps*
für die verbale Wissenschaftskommunikation,
https://doi.org/10.1007/978-3-662-61723-6_5

nicht eilt. In der tagesaktuellen Berichterstattung ist dies allerdings die Ausnahme.

Wenn ein längeres Interview ("Wortlautinterview") mit Ihnen gedruckt werden soll, ist es in Deutschland nicht unüblich (anders als im anglo-amerikanischen Raum), dass Sie das Interview vor der Veröffentlichung autorisieren. In jedem Fall haben Sie das Recht, korrekt zitiert zu werden – auch dann, wenn das Zitat im Fließtext eines Berichts auftaucht. Wenn der Journalist also Ihre Aussagen umformulieren will, muss er das mit Ihnen abstimmen. Leider halten sich nicht alle Journalisten daran. Und nur in den seltensten Fällen werden Sie juristisch dagegen vorgehen wollen.

Theoretisch können Sie jede Zusammenarbeit unter den Vorbehalt einer Autorisierung stellen. Ob sich der Journalist darauf einlässt, ist aber eine andere Frage. Ich empfehle deshalb, dass Sie nur in besonders sensiblen Fällen eine Autorisierung vereinbaren – formlos per E-Mail. Meistens reicht es, dass Sie den Journalisten freundlich und entschieden darum bitten, gegenlesen zu dürfen.

Am Ende kommt es darauf an, dass Sie ein Vertrauens-verhältnis aufbauen. In der Regel will der Journalist Ihnen ja nichts Böses. Und wenn Sie ihm Ihre Themen klar und anschaulich erklärt haben, wenn nötig überzeugt haben (Tipp 12), dann stehen die Zeichen auf Grün für eine faire und sachlich richtige Berichterstattung.

Auszug aus den „Journalistischen Leitlinien der Main-Post"

„Neben den Wortlaut-Interviews geben wir grundsätzlich keine Texte vor Veröffentlichung an Recherche- oder Gesprächspartner weiter. Ausnahmen sind wörtliche Zitate, wenn der Gesprächspartner dies ausdrücklich wünscht. Auch bei hochkomplexen Themen, wie zum Beispiel aus den Bereichen Wissenschaft und Forschung, dürfen Textpassagen zur faktischen Überprüfung an den Recherche- oder Gesprächspartner gegeben werden." [110].

Tipp 77: Nachbereitung

Nach Ihrem Auftritt sollten Sie noch wenige Dinge erledigen, bevor Sie sich der nächsten Aufgabe widmen:

- Bieten Sie dem Journalisten an, für Fachfragen weiter zur Verfügung zu stehen. Vielleicht dürfen Sie den entstehenden Bericht vor der Finalisierung gegenlesen und kommentieren (Tipp 76). Erfragen Sie den Termin der Veröffentlichung.
- Notieren und speichern Sie neue Medienkontakte. Erfragen Sie, welche Themen den Journalisten grundsätzlich interessieren. Bei der nächsten Gelegenheit können Sie dann proaktiv Kontakt aufnehmen. Hat der Journalist gute Erfahrungen mit Ihnen gesammelt, wird er dies gleichfalls tun.

- Informieren Sie – jetzt spätestens – die Mitarbeiter Ihrer Pressestelle. Diese führen evtl. Buch über alle Wissenschaftskommunikationsaktivitäten in Ihrem Haus und sind dankbar für neue Kontakte. Vielleicht wollen sie dem Journalisten auch ein weiteres Thema vorschlagen.

- Rekapitulieren Sie Ihren Auftritt und halten Sie Ihre persönliche Manöverkritik. Was lief gut, was weniger gut? Notieren Sie ggf. die *lessons learned*. Hilfreich sind dabei auch die Meinungen Dritter (inklusive des Journalisten).

- Lesen Sie drei Tipps aus diesem Buch nach und überlegen Sie, was Sie diesbezüglich in Zukunft noch besser machen können.

6

Interviews

„Ansteckend und authentisch wirke ich nur bei meinen eigenen Themen." Interview mit Prof. Dr. Christian Wirth

Prof. Dr. Christian Wirth ist Professor für Spezielle Botanik und Funktionelle Biodiversität an der Universität Leipzig, Fellow am Max-Planck-Institut für Biogeochemie und Sprecher des Deutschen Zentrums für integrative Biodiversitätsforschung (iDiv).

Hahn: Was sind für Dich die wichtigsten Formen von Wissenschaftskommunikation?

Wirth: Üblicherweise kommuniziere ich meine Botschaften mündlich. Selbst wenn ein Medienbeitrag über meine Themen später in Printmedien erscheint, habe ich in der Regel dazu gesprochen. Es ist mir noch nie passiert, dass mich ein Journalist oder eine Journalistin um

© Der/die Herausgeber bzw. der/die Autor(en), exklusiv lizenziert durch Springer-Verlag GmbH, DE, ein Teil von Springer Nature 2020
V. Hahn, *Die souveräne Expertin – 77 Tipps für die verbale Wissenschaftskommunikation*,
https://doi.org/10.1007/978-3-662-61723-6_6

schriftliche Stellungnahmen gebeten hat. Die genannten verbalen Formen unterscheiden sich stark.

Vorträge sind am einfachsten: Ich habe viel Zeit und die volle Kontrolle über das Thema. Bei Gesprächsrunden hängt viel von der Moderation ab. Meistens kennt man vorher nur die Einstiegsfrage. Danach ist Schlagfertigkeit gefragt. Die muss die Moderation bei mir hervorkitzeln und das gelingt ihr umso besser, je gründlicher sie auf mich vorbereitet ist und ahnt, worauf ich reagieren kann. Bei Fernsehinterviews ist es wichtig, kurze, aber dennoch in sich geschlossene Aussagen zu machen. Das ist am Anfang schwierig, aber man kann das trainieren. Meine Frau ist Journalistin. Von ihr weiß ich, wie nervig Dauerredner sind. Sie sitzt nach Interviews bisweilen lange vor dem Schnittcomputer auf der Suche nach der Stelle, an der die Stimme schnittgerecht sinkt. Das Gleiche gilt für Radiointerviews, die ich persönlich als die schwierigste Aufgabe empfinde. Die erfolgen normalerweise telefonisch und sind daher sehr unpersönlich.

Am wichtigsten für das breite Publikum sind wohl immer noch Fernseh- und Radiobeiträge. Fernsehen wirkt national, Radio eher regional – aber das hängt natürlich vom Sender ab. Nach Zeitungsartikeln bekomme ich selten Rückmeldung von Lesern. Nach Fernsehausstrahlungen sprechen mich Bekannte, Kolleginnen, Kollegen oder Studierende an. Daran merke ich: Das hat wirklich immer noch Reichweite. Zeitungsartikel sind relevant für Entscheider. Die Debatte über lokale Naturschutzpolitik läuft überwiegend über die Zeitung.

Hahn: Wie bereitest Du Dich vor? Wie viel Zeit beansprucht das?

Wirth: Bei Interviews bitte ich im Vorfeld um Fragen. Es gibt Journalistinnen oder Journalisten, die das nicht wollen, weil sie glauben, dass ich nicht mehr authentisch klinge, wenn ich mich auf spezifische Fragen vorbereitet habe. Das ist bei mir nicht so. Im Gegenteil: Wenn ich mich auf die Fragen vorbereite, kann ich lebhafter und interessanter sprechen. Medienarbeit ist eine ziemliche Zeitsenke. Auf ein Interview bereite ich mich mehrere Stunden vor. Fernsehinterviews bereite ich länger vor als Zeitungsinterviews.

Da ich eher ein kreatives als ein speicherndes Gehirn habe, muss ich häufig auch Dinge nachschlagen. Ich habe in meinem Alltag nicht mehr viel Zeit zum Lesen, deshalb muss ich ab und an auch die aktuelle Literatur recherchieren. Bei aufwendigen Themen lasse ich mir manchmal auch von Mitarbeitern bei der Recherche helfen. Ich sage bisweilen auch Interviewanfragen ab, sonst leidet die Lehre oder ich komme nicht mehr zum Forschen.

Hahn: Sollte man immer nur über sein ureigenes, eng begrenztes Fachgebiet sprechen?

Wirth: Ansteckend und authentisch wirke ich nur bei meinen eigenen Themen. Mich begeistert derzeit die Wissenschaftskommunikation von Herrn Drosten anlässlich der Coronakrise. Da er viel Sendezeit hat und sich die Thematik dynamisch entwickelt, kann man ihn beim wissenschaftlichen Denken live erleben. Das ist ebenso wichtig wie die Inhalte und ist nur möglich, weil es sein ureigenes Thema ist und er als Person noch im Stoff steht. Ich habe mal vor Jahren den Fehler gemacht, eine Einladung zu einem Live-Fernsehinterview zu einem mir nicht vertrauten Thema anzunehmen. Ich hatte mich zwar eingelesen, aber das Interview ging trotzdem gründlich schief.

Als Sprecher von iDiv muss ich mich bisweilen zu den Themen von Kolleginnen und Kollegen äußern. Das geht, wenn meine Rolle als Vermittler klar ist. Es würde nicht funktionieren, wenn ich so tun würde, als wäre das meine Arbeit.

Hahn: Wie politisch darf man als Wissenschaftler kommunizieren? Darf man auch seine persönlichen Meinungen kundtun?

Wirth: Als Wissenschaftler bin ich für „Wenn-dann-Aussagen" zuständig. Ich kann Konsequenzen politischen Handels aufzeigen. Ich kann auch Szenarien vorschlagen („Wenn man dies ändert, verbessert sich jenes"). Als Wissenschaftler bin ich derjenige, der auch das beste Wissen um Wahrscheinlichkeiten hat. Wenn Kenntnisse oder Prognosen unsicher sind, muss ich das sagen. Wer sollte das sonst tun? Die vier Worte „Ich weiß es nicht" adeln jeden Wissenschaftler und jede Wissenschaftlerin. Wenn ich mich politisch wertend äußere, dann versuche ich einen Rollenwechsel zu signalisieren („Wenn ich an die Zukunft meiner Kinder denke, …").

Hahn: Warum ist Wissenschaftskommunikation überhaupt wichtig?

Wirth: Ich werde von den Steuerzahlern dafür bezahlt, dass ich Wissen schaffe. Ich muss ihnen Rechenschaft ablegen. Ich möchte außerdem junge Menschen für meine Wissenschaft begeistern. Ich habe auch einen Motivations- und Unterhaltungsauftrag. Gerne würde ich sagen, „um die Welt zu verbessern", aber das ist nicht mein Mandat als Wissenschaftler. Das ist eher eine Bürgerpflicht.

Hahn: Was sind die Geheimnisse eines guten Interviews oder einer guten Rede? Deine persönlichen Tipps

Wirth: Interviews werden dann gut, wenn die Fragenstellerin oder der Fragensteller vorher gut zuhört und den Spannungsbogen der Geschichte identifiziert. Dann muss er oder sie die Fragen so formulieren und anordnen, dass dieser Bogen sichtbar wird. Als Interviewpartner muss ich die Fragen vorher lesen dürfen, sonst harmoniert es nicht. Eine gute Rede? Das ist ein weites Feld. Das Wichtigste: Kontakt mit dem Publikum. Die

Leute nicht von der Leine lassen. Das braucht Zeit in der Vorbereitung für eine brauchbare Storyline und viel Energie und Geistesgegenwart bei der Ausführung. Ein guter Vortrag, eine gute Vorlesung fühlt sich an wie ein Konzert – ich habe früher Musik gemacht – Wenn man nicht brennt, schauen die Studierenden aufs Handy.

Hahn: Vielen Dank für das Gespräch!

„Manchmal sind die Fragen, die die Welt umtreiben, andere als die, die einen selber umtreiben." Interview mit Prof. Dr. Dorothea Kübler

Prof. Dr. Dorothea Kübler ist Direktorin der Abteilung Verhalten auf Märkten am Wissenschaftszentrum Berlin (WZB) und Professorin für Volkswirtschaftslehre an der TU Berlin.

Hahn: Wie wichtig ist Wissenschaftskommunikation für eine Wissenschaftlerin?

Kübler: Ich denke, dass die Sichtbarkeit in der Öffentlichkeit schon eine wichtige Rolle spielt inzwischen. Zumindest wenn man Themen hat, die für die Öffentlichkeit interessant sind – dort wahrgenommen zu werden und einen gewissen Impact zu haben, ist auf jeden Fall wichtig und auch wichtiger geworden über die letzten Jahre.

Trotzdem kommt die wissenschaftliche Leistung zuerst, und gerade für junge Wissenschaftler ist es wichtiger, sich darauf zu konzentrieren. Alles andere ist dann erst mal nachgeordnet – das gilt aber auch für viele andere Kriterien wie etwa die Lehrleistungen oder Ähnliches.

Hahn: Sollten also junge Wissenschaftlerinnen schon früh in ihrer Karriere kommunizieren?

Kübler: Ich bin gerade dabei, einen Antrag zu schreiben für unsere Berlin School of Economics, um den Nachwuchswissenschaftlern die Möglichkeit zu geben, Trainings zu bekommen für die Kommunikation ihrer Ergebnisse. Ich bin der Überzeugung, dass man das schon früh anfangen sollte einzuüben und Techniken zu lernen – z. B. auch, wie man eine Paneldiskussion moderiert – lauter Dinge, die man sich sonst im Laufe eines Lebens und nicht am Anfang der Karriere zulegt. Viele Nachwuchswissenschaftler machen interessante Forschung, die relevant ist für die Öffentlichkeit, und die sollten in der Tat kommunizieren. Bei in der Wissenschaftskommunikation Unerfahrenen sehe ich mich als Betreuerin auch in der Pflicht zu helfen, dass da nichts schief geht, denn es gibt Themen, bei denen man vorsichtig sein muss. Grundsätzlich gibt es aber noch viele ungehobene Schätze, und Nachwuchswissenschaftler sollten durchaus ihre Forschung kommunizieren.

Hahn: Wie politisch darf man als Wissenschaftlerin kommunizieren?

Kübler: Irgendwie ist alles politisch – gerade in den Sozialwissenschaften. Manchmal sind schon die Forschungsfragen irgendwie gefärbt: Man interessiert sich für bestimmte Themen und das hat mit Einstellungen zu tun – das lässt sich häufig nicht so voneinander trennen. Man sollte sich dessen bewusst sein.

Man riskiert seine Reputation, wenn man sehr parteipolitisch auftritt als Wissenschaftler und es erwartbar wird, was man sagt. Dann stellt sich die Frage, ob das noch Wissenschaft ist, wenn man vorher weiß, was dabei rauskommen muss – da muss man vorsichtig sein. Grundsätzlich würde ich aber sagen, dass man sich durchaus politisch äußern darf. Wenn es um konkrete politische Maßnahmen geht – z. B. Maßnahmen gegen Diskriminierung von Frauen – dann darf man Empfehlungen geben, aber die Entscheidung fällt natürlich immer die Politik.

Hahn: Sollte man immer nur über sein ureigenes, begrenztes Fachgebiet sprechen?

Kübler: Das ist eine gute Frage, die ich mir auch oft stelle. Es ist immer einfacher und auch befriedigender, wenn man zu Themen befragt wird, über die man selber forscht und bei denen man den Eindruck hat, dass man etwas Neues beizutragen hat. Aber manchmal sind die Fragen, die die Welt umtreiben, andere als die, die einen selber und sein Wissenschaftsgebiet umtreiben.

Ich finde es schwierig, wenn bestimmte Leute zu allem etwas sagen und den falschen Eindruck erwecken, als ob das durch eigene Forschung oder Forschung der eigenen Institution gedeckt ist. Da werden dann manchmal sinnvolle Sachen gesagt, die aber mit Wissenschaft überhaupt nichts zu tun haben. Ich würde mir wünschen, dass das offen kommuniziert wird – dass man sagt, „meine Einschätzung ist die, aber da kann ich mich nicht auf irgendwelche exakten Studien berufen, sondern das ist meine Gesamteinschätzung der Lage". Ich glaube schon, dass man solche Experten braucht, die sich zu sowas äußern, weil sie ein informiertes Urteil haben können über Dinge, die sie nicht direkt erforscht haben – die vielleicht niemand erforscht hat. Aber das sollte dann auch so gekennzeichnet werden, und das ist auch eine Aufgabe von Journalisten, diese Differenzierung zu transportieren und nicht rauszuschneiden.

Hahn: Inwieweit sollte man als Wissenschaftlerin auch über seine persönlichen Meinungen sprechen?

Kübler: Manchmal wird man ja zu Meinungen befragt – warum sollte man sie nicht beantworten? Dann sollte man aber auch sagen, dass es die eigene Meinung ist und begründen, warum man diese Meinung hat.

Hahn: Verfolgen Sie eine bestimmte Strategie in Ihrer Kommunikation? Gibt es z. B. eine Auswahl von Themen, auf die Sie sich konzentrieren?

Kübler: Es ist mir ehrlich gesagt selber oft ein Rätsel, was die Öffentlichkeit interessant findet und was Journalisten aufgreifen. Ich gebe Ihnen mal ein Beispiel: Wir haben gerade eine Veröffentlichung geschrieben, da geht es um Schwarzmärkte für Termine in öffentlichen Ämtern, z. B. bei deutschen Konsulaten – da gibt es große Probleme, weil die Buchungssysteme anfällig sind für Schwarzmärkte. Wir haben dazu Experimente gemacht und geben sehr praktische Lösungsvorschläge. Dazu gab es eine Pressemitteilung – das hat niemand aufgegriffen. Aber dann schreibt man irgendwas über Privatsphäre und Daten oder Frauendiskriminierung – und das läuft immer. Und je einfacher die Message, desto besser. Das finde ich schon eigenartig. Mir ist vorher nie klar, was ankommt und was nicht. Insofern könnte ich da auch keine Strategie formulieren. Es ist mehr so ein Stochern im Dunkeln und man probiert halt mal. Manchmal gibt es auch gar keine Pressemitteilung, aber ein Journalist findet das Thema auf einem anderen Weg, und dann läuft es trotzdem.

Hahn: Was ist Ihr ganz persönlicher Tipp?

Kübler: Auf jeden Fall immer fragen, ob man den journalistischen Beitrag noch mal zu sehen bekommt. Z. B. war bei einem Medienbericht, für den ich ein Interview gegeben hatte, ungefähr alles falsch, was falsch sein konnte – die Redakteurin hatte so gar nichts verstanden von dem, was ich ihr gesagt hatte. Das war sehr mühsam, während andere Journalisten ganz schön gewieft und auf Zack sind, und dann stimmt das Ergebnis auch. Das merkt man häufig schon, wenn man mit den Redakteuren spricht. Ich finde, man muss aber auch fair sein: Man muss schnell reagieren, wenn man was zum Autorisieren bekommt und da auch nicht groß drin rumstreichen und ändern, wenn es nicht notwendig ist. Aber ich finde das schon extrem wichtig, Sachen noch korrigieren zu können.

Hahn: Vielen Dank für das Gespräch!

„Es ist essenziell, seine Begeisterung zu transportieren und authentisch zu sein." Interview mit Dr. Maria Voigt

Dr. Maria Voigt ist Postdoktorandin an der University of Kent. Die Biologin forscht im Bereich Natur- und Artenschutz. Noch während ihrer Doktorarbeit veröffentlichte sie mit Kolleginnen eine Studie über den Rückgang von Orang-Utans auf Borneo [111].

Hahn: Wie war die Medienresonanz auf dein *paper?*

Voigt: In der Erscheinungswoche hat mich das Interesse ziemlich überrollt. Es musste alles sehr schnell gehen. Und es passierte alles auf einmal. An einigen Tagen konnte ich nicht schnell genug E-Mails oder das Telefon beantworten.

Nach der ersten Welle kamen Anfragen für längere Reportagen. Diese habe ich wissenschaftlich begleitet. Das war wirklich spannend, weil dann mehr Zeit war und ein richtiger Dialog entstanden ist.

Bei aller Unsicherheit am Anfang merkt man recht schnell, dass man im Grunde nur mit interessierten Leuten über seine Arbeit sprechen darf. Sobald mir das klar war, hat es vor allem Spaß gemacht. Insgesamt war es eine gute und wichtige Erfahrung für mich.

Hahn: Wie hast Du Dich auf die Medienanfragen und Interviews vorbereitet?

Voigt: Im Vorfeld haben wir, in Zusammenarbeit mit dem *journal – Current Biology –* und den beteiligten Pressestellen, Medienmitteilungen geschrieben. Unter den Hauptautoren haben wir die wichtigsten Punkte und Zahlen abgeklärt. Ich habe mir Stichpunkte aufgeschrieben, was ich unbedingt rüberbringen wollte. Relativ schnell braucht man das aber nicht mehr und merkt, wie man Sachverhalte am besten darstellt.

Ich habe unabhängig davon über unsere Graduiertenschule ein Medientraining gemacht. Im Nachhinein war das sehr gut, um sich mental mit solchen Situationen auseinanderzusetzen und etwas besser vorbereitet zu sein. Ich habe das Infomaterial zu Wissenschaftskommunikation von unserer Pressestelle genutzt und versucht, die Tipps zu verinnerlichen. Wenn es dann so weit ist, muss man sich aber vor allem auf sein Bauchgefühl verlassen und spontan reagieren.

Hahn: Wie war es, als „Neuling" im Wissenschaftsbetrieb plötzlich im Zentrum medialen Interesses zu stehen?

Voigt: In den Wochen vor der Erscheinung der Publikation hat mich die Möglichkeit von Medieninteresse schon etwas nervös gemacht. Ich stehe nicht so gerne im Rampenlicht und wusste nicht so richtig, was auf mich zukommen würde. Als es dann in der Woche vor der Veröffentlichung mit den Interviewanfragen und Nachfragen von Journalisten losging, war aber eh nicht mehr viel Zeit, darüber nachzudenken, weil es so viel zu tun gab. Es ist natürlich schon komisch, wenn man als „Prof." angeschrieben wird, obwohl man noch nicht einmal einen Doktor hat. Aber am Ende wusste ich am besten über die Arbeit Bescheid und konnte die Fragen ja auch am besten beantworten.

Hahn: Wie hilfreich ist ein Medientraining?

Voigt: Ich denke, dass es super ist, wenn man schon mal ein Medientraining gemacht hat und nicht komplett unvorbereitet ins kalte Wasser springt. Ich fand es auch sehr nützlich, dass wir mit erfahrenen Wissenschaftlern sprechen konnten, die ein paar gute Tipps hatten und uns erzählt haben, welche Erfahrungen sie gemacht haben oder wie sie mit Situationen umgegangen sind. Aber auch in der direkten Vorbereitung und während der Medienantwort ist es gut, Ansprechpartner und Unterstützung von erfahreneren Kollegen oder der Pressestelle zu haben.

Hahn: Haben die Journalisten immer richtig wiedergegeben, was Du ihnen erzählt hast?

Voigt: Vor einem Interview hat man ja immer ein bisschen Angst, dass die Aussagen falsch oder zumindest anders ankommen als man möchte und man später von Kollegen für unseriös gehalten wird.

Wenn es geht, habe ich immer versucht, dies zu vermeiden, indem ich über Texte drübergeschaut habe, bevor sie veröffentlicht wurden. Meistens wurde ich auch von Journalisten noch mal gefragt, wenn es Verständnisprobleme gab, aber in ein, zwei fertigen Texten, die ich zum Überprüfen bekommen habe, habe ich mich schon gewundert, was da angekommen ist. Ansonsten gab es aber – außer etwas überspitzte Titel – wenig, mit dem ich nicht im Großen und Ganzen zufrieden war. Und wenn das doch mal passiert, sollte man, glaube ich, versuchen, es nicht persönlich zu nehmen, sondern versuchen, daraus zu lernen und zu überlegen, wie es hätte vermieden werden können.

Hahn: Was würdest Du rückblickend anders machen?

Voigt: Ich würde vielleicht mehr das Sprechen und Interviews mit Bild und Ton üben. Ich höre mir selbst nicht gerne zu und finde es schwierig, mir Interviews danach anzuhören. Außerdem hätte ich nicht erwartet, dass es mir so schwer fällt, über meine Arbeit auf Deutsch zu sprechen. Ich arbeite fast ausschließlich auf Englisch, da haben mir dann manchmal Worte oder Formulierungen gefehlt.

Eine Kleinigkeit – aber ich hätte gerne medientaugliche Fotos von meiner Arbeit gehabt.

Hahn: Wie hast Du von Deinen Erfahrungen in der Wissenschaftskommunikation profitiert?

Voigt: Wissenschaftskommunikation ist für mich eine Möglichkeit, mit meinen Erkenntnissen, Ansätzen und der wissenschaftlichen Arbeit rauszugehen und mich mit den Meinungen und Sichtweisen der Öffentlichkeit auseinanderzusetzen. Als Wissenschaftler steht sowas ja eher nicht so hoch auf der Prioritätenliste und ist für die meisten auch nicht in der *comfort zone*. Ich fand aber, dass ich dadurch einen ganz anderen Blick dafür bekommen habe, was den meisten Menschen eigentlich wichtig ist – was sie interessiert oder antreibt. Ich konnte danach meine Arbeit viel besser für verschiedenes Publikum verständlich machen, wie z. B. bei Vorträgen vor Nicht-Fachleuten oder Studenten. Die Fragen der Journalisten haben mir auch geholfen, Fragen für meine zukünftige Arbeit klarer zu sehen. Was wissen wir noch nicht, was ist aber eigentlich spannend?

Auf einer persönlichen Ebene hat es mir auf jeden Fall auch für mein Selbstbewusstsein geholfen. Dass zum einen dieses Interesse an der Arbeit da ist, die ich mit Kollegen mache und die in meinen Augen sehr wichtig ist. Aber auch, dass ich die vielen Medienanfragen in kurzer Zeit gemeistert habe.

Hahn: Hilft die Medienresonanz bei der wissenschaftlichen Karriere?

Voigt: Auch wenn für eine Karriere in der Wissenschaft letztendlich vor allem wissenschaftliche Publikationen zählen, wird es immer wichtiger zu zeigen, dass die Arbeit, die man macht, *impact* hat und allgemeines Interesse weckt. Vor allem, wenn es um Geld geht, also z. B. Stipendien oder Projektgelder eingeworben werden, dann wird jetzt immer öfter verlangt, dass man in der Lage ist,

Ergebnisse vor unterschiedlichem Publikum, also auch der breiten Öffentlichkeit, zu kommunizieren. Wenn man Medienresonanz auf abgeschlossene Studien vorweisen kann, dann hilft das natürlich. Indirekt wird auch die Arbeit und die Person als Wissenschaftler bekannter, was wiederum für die Karriere helfen könnte.

Hahn: Wie bist Du mit Nervosität umgegangen? Hattest Du z. B. Sorge, mal eine Frage nicht gut beantworten zu können?

Voigt: Natürlich hat man Angst, keine Antwort zu haben oder sich schlecht auszudrücken. Man hat ja auch nie das Gefühl, genug zu wissen. Es ist aber wichtig, dieses *imposter syndrome* zu bewältigen und die Rolle des Experten zu akzeptieren. Am Ende ist man das ja und weiß viel mehr über das Thema als die meisten anderen.

Trotzdem muss man auch offen sein, wenn man etwas nicht beantworten kann – im Zweifelsfall auf Kollegen oder andere Arbeiten verweisen und sich nicht zu weit aus dem Fenster lehnen. In der Wissenschaft gibt es auch immer viel Unsicherheit. Diese ist oft nicht einfach zu vermitteln und, glaube ich, unter Journalisten auch nicht so beliebt. Die hätten lieber Fakten und Zahlen ohne Zweifel. Da muss man sich dann vorher überlegen, wie man das am besten begreiflich machen kann, indem man vielleicht Vergleiche und Bilder findet, die diese Unsicherheit besser beschreiben.

Über meine anfängliche Nervosität hat mir auch geholfen, dass ich mir bewusst gemacht habe: Es geht nicht um mich als Person, sondern um das Thema und die Studie.

Hahn: Wie kommuniziert man gut als Wissenschaftlerin? Deine ganz persönlichen Tipps

Voigt: Ich glaube, es ist wichtig, dass man sich vorher die Kernaussagen zurecht legt, diese im Team abspricht und dann einfach und klar auf Fragen antwortet. Es ist nicht wichtig, alle Details rüberzubringen, sondern sich auf Schlüsselerkenntnisse und deren Zusammenhang und größere Bedeutung zu konzentrieren.

Mindestens genauso wichtig für Kommunikation sind aber auch Beispiele und persönliche Geschichten. Irgendetwas, was das Thema für andere greifbarer macht. Z. B. fanden die Journalisten toll, wenn ich beschrieben habe, wie Orang-Utans Nester bauen, weil das etwas ist, was nicht viele wissen, aber auch unsere Methoden erfassbarer macht: Wissenschaftler haben diese Nester im Wald gezählt, um Orang-Utan-Zahlen zu schätzen. Persönliche Anekdoten sind auch gut: Ich habe z. B. oft erzählt, wie unerwartet magisch es für mich war, zum ersten Mal einen Orang-Utan in freier Wildbahn zu sehen. Das hat geholfen zu erklären, warum wir diese Art nicht verlieren dürfen.

Ich glaube, es ist auch essenziell, seine Begeisterung für das Thema zu transportieren und authentisch zu sein. In der Wissenschaft geht es vornehmlich darum, Fakten zu produzieren und so wenig wie möglich von der persönlichen Meinung einfließen zu lassen. In der Medienkommunikation geht es natürlich vordergründig auch um Fakten, aber es geht auch um persönliche Einschätzungen. Was bedeutet das Thema für mich und für die Leser und Zuhörer in Deutschland oder woanders?

Hahn: Vielen Dank für das Gespräch!

Forschende sollten die bestmögliche Hilfestellung bekommen. Interview mit Carsten Heckmann

Carsten Heckmann arbeitete früher als Journalist und ist heute stellvertretender Leiter der Stabsstelle Universitätskommunikation und Pressesprecher der Universität Leipzig.

Hahn: Welche Rolle spielen kommunizierende Wissenschaftlerinnen für eine Universität bzw. eine wissenschaftliche Institution? Reicht es nicht, wenn das die Kommunikationsexperten der Pressestelle machen?

Heckmann: Das ist kein Entweder-oder, da sind alle gefragt! Die Pressestellen, Medienredaktionen oder wie die Abteilungen auch immer heißen, sind heutzutage sehr gut aufgestellt und erbringen eine bemerkenswerte Leistung in der Wissenschaftskommunikation. Aber sie sind in erster Linie Dienstleister, nach außen für die Öffentlichkeit, nach innen für die Forscherinnen und Forscher. Sie bereiten den Weg, beraten und empfehlen, vermitteln, erstellen Formate, geben ihr Kommunikationswissen weiter. Aber ohne kommunizierende, mindestens kommunikationswillige Wissenschaftlerinnen und Wissenschaftler sind sie aufgeschmissen. Zudem gilt natürlich: Gute Kommunikation aus erster Hand ist am authentischsten und glaubwürdigsten. Wichtige Botschaften aus berufenem Munde, fachlich fundiert, gut präsentiert – ich glaube, das wünschen wir uns doch alle.

Hahn: Wie sieht eine gute Zusammenarbeit aus zwischen kommunizierenden Wissenschaftlerinnen einerseits und Universitäts- oder Forschungs-Pressestellen andererseits?

Heckmann: Zunächst einmal ist sie von gegenseitigem Respekt und Vertrauen geprägt. Es ist für die Mitarbeitenden in den Medienabteilungen unabdingbar, Wissenschaftlerinnen und Wissenschaftler zu haben, die ihre Ergebnisse einer breiten Öffentlichkeit vorstellen wollen, im besten Fall auch mit der Öffentlichkeit in einen Dialog treten wollen. Daher sollten sich die Forschenden auch darauf verlassen können, dass sie die bestmögliche Hilfestellung bekommen – eine Dienstleistung, die sie gerne in Anspruch nehmen. Im Gegenzug sind sie dann auch bereit, ihren Beitrag zu leisten und zugleich auf die Profis zu hören, was Formate, Formulierungen, Kanäle, Zeitschienen usw. angeht. Gegenseitiges Feedback darf natürlich auch gern dazugehören.

Hahn: Wo können die Interessen von Journalist und Wissenschaftlerin auseinandergehen? Welche Ziele verfolgt der Journalist? Was sind möglicherweise Stolperfallen für die Wissenschaftlerin?

Heckmann: Ich glaube, die zentrale Stolperfalle heißt Missverständnis. Es gibt natürlich die Journalistin, die Informationen abseits des eigentlichen Forschungsfelds erwartet; den Journalisten, der nicht damit rechnet, dass ein „vielleicht" oder „das lässt sich noch nicht sagen" die bestmögliche Aussage sein kann. Und es gibt die Wissenschaftlerin, die sich wundert, dass der Lokaljournalist nicht ihre drei aktuellsten *papers* gelesen hat; oder den Wissenschaftler, der überrascht ist, dass er einen seiner Sätze vermeintlich zusammenhanglos in der Überschrift wiederfindet.

Im Allgemeinen gilt: Eine gute Journalistin oder ein guter Journalist wird das Informationsbedürfnis seiner Leserinnen und Leser, Hörerinnen und Hörer, Zuschauerinnen und Zuschauer befriedigen wollen, und das am besten noch auf unterhaltsame Weise. Zu den Mitteln der Wahl gehören dann beispielsweise zuspitzendes Formulieren und natürlich immer wieder Kürzen. Darüber hinaus gibt es jede Menge Produktionszwänge. Für Wissenschaftlerinnen und Wissenschaftler ergeben sich Herausforderungen, die sie aus anderen Kommunikationssituationen nicht gewohnt sind.

Die Erfahrung zeigt aber: Neben kommunikativen Risiken gibt es meist eine große Chance, zueinander zu finden und z. B. ein gutes Interview hinzubekommen. Das Wissen um die Mechanismen und Erfolgsfaktoren im jeweils anderen Metier sollte dafür natürlich so groß wie möglich sein. Und da kommen auch wieder die Mitarbeitenden in den Medienredaktionen der Wissenschaftsinstitutionen ins Spiel: Sie tragen dazu bei, dieses Wissen zu mehren.

Hahn: Vielen Dank für das Gespräch!

Kommunikation mit sozialen Medien macht Spaß und Arbeit. Interview mit Irena Walinda

Irena Walinda ist Social-Media- und Online-Redakteurin in der Abteilung Hochschulkommunikation der Friedrich-Schiller-Universität Jena.

Hahn: Warum sollten Wissenschaftlerinnen über Social Media kommunizieren?

Walinda: Kurz gesagt, weil es eine große Chance für sie bedeutet. – Wer die sozialen Medien nutzt, kommuniziert interaktiv und direkt. Wissenschaftlerinnen und Wissenschaftler können sich direkt mit anderen Forscherinnen und Forschern austauschen, Interesse für ihr Forschungsfeld wecken, über Forschungsergebnisse informieren, die Aufmerksamkeit potenzieller Drittmittelgeber oder auch Arbeitgeber wecken etc. – es hat also einige Vorteile. Man kann genau die jeweilige Zielgruppe erreichen, die einem wichtig ist. Außerdem kann die Reichweite von Informationen unter Umständen viel größer sein als bei der Publikation in einer Fachzeitschrift. Es besteht immer die Möglichkeit, dass durch häufiges Teilen und Liken ein Tweet oder ein Video viral wird und viele Menschen erreicht – dieses Potenzial ist verlockend. Nicht zu vergessen: die Rezipienten, die mitlesen und weder teilen noch liken, aber den Accounts folgen. Auch diese Menschen werden erreicht.

Natürlich gibt es auch einige Nachteile, die ich nicht verschweigen möchte. Es ist zeitaufwendig, mit der *community* zu kommunizieren. Wenn man seine *follower* ernst nimmt, bedeuten soziale Medien keine bloße Publikation von Inhalten, sondern Interaktion, die Spaß macht – aber eben auch Zeit kostet. Glück haben hier Forschende, die für diese Zwecke eine Kommunikationsabteilung haben und unterstützt werden können. Ein anderer Nachteil ist beispielsweise die große Abhängigkeit von Drittplattformen wie TikTok, Facebook, WhatsApp, Twitter etc. Die Server stehen oft nicht in Deutschland, und die AGBs sind mit dem europäischen Datenschutz nur teilweise oder gar nicht vereinbar. Dessen sollte man sich stets bewusst sein – gerade, wenn es um Bildrechte geht.

Hahn: Auf welchem Social-Media-Kanal sollte man als Wissenschaftlerin kommunizieren – Facebook, Twitter, Instagram …?

Walinda: Wählen Sie einen Kanal aus, der zu Ihnen, Ihrer Forschung und Ihrer Zielgruppe passt. Dazu müssen Sie sich im Klaren sein, welche Ziele Sie eigentlich verfolgen. Machen Sie eine Zielgruppenanalyse. Wen wollen Sie erreichen? Studierende oder andere Forschende oder Entscheider aus der Politik? Möchten Sie eine internationale Gruppe ansprechen oder eine nationale? Das sind Fragen, die entscheidend sind. Schauen Sie auch nach links und rechts. Was machen andere Forschende, um ihre Expertise zu kommunizieren?

Der Virologe Christian Drosten beispielsweise kommuniziert via Twitter in deutscher und englischer Sprache. Seit der Corona-Pandemie 2020 macht er das sehr erfolgreich. Die Wissenschaftsjournalistin und Chemikerin Mai Thi Nguyen-Kim ist auf vielen Plattformen erfolgreich, aber die Informationen unterscheiden sich. Während sie auf Instagram *behind-the-scenes*-Bilder zeigt und private Fotos postet, zeigt sie auf YouTube hauptsächlich Erklärvideos. Wählen Sie den Kanal aus, mit dem auch Ihre Zielgruppe vorwiegend kommuniziert.

Hahn: Wie kann eine Wissenschaftlerin mit ihrer Pressestelle zusammenarbeiten? Wie kann z. B. mit Social Media eine Pressemitteilung begleitet oder verstärkt werden?

Walinda: Social Media sind nicht nur dazu da, eine Pressemitteilung zu „begleiten". Die Frage suggeriert, dass Social Media „nebenher" laufen, die Pressemitteilung aber das Wichtigste ist. Das ist in der Praxis aber oft nicht so. Ich habe es häufig erlebt, dass ich mit Instagram oder Facebook mehr Menschen erreiche als mit der Pressemitteilung. Ich sage nicht, dass die Kommunikationsabteilungen nun keine Pressemitteilungen mehr schreiben sollen, aber jeder Inhalt hat sein individuelles Potenzial und die Ressourcen sind begrenzt. Also muss man sich entscheiden. Ich empfehle Wissenschaftlerinnen und Wissenschaftlern daher, sich gemeinsam mit der Pressestelle zu überlegen, auf welchen Kanälen welcher Inhalt am besten „performen" kann.

Dazu ist es erst einmal wichtig, frühzeitig mit der Kommunikationsabteilung zu sprechen. Denn dort sitzen die Kommunikationsexperten, die beraten und unterstützen können. Das kann die Forschenden entlasten, die oft keine Zeit haben, neben ihrer Forschung auch die Kommunikation ebendieser zu übernehmen. Andersherum sind die Kommunikationsabteilungen aber auch nicht die Experten und haben keinen Doktor in Biologie oder Soziologie. Zusammenarbeit und engmaschige Absprachen sind wichtig.

Beispielsweise sind wir für eine Social-Media-Aktion zur Leipziger Buchmesse 2019 mit einem Orang-Utan Kostüm durch Jena gelaufen und haben die Menschen gebeten, uns zu sagen, warum die Menschenaffen und der Regenwald schützenswert sind. Die Teilnehmer konnten Karten für die Buchmesse gewinnen. Die lokale Presse kam vorbei und wir haben die Aktion auf Instagram gespiegelt. Auf der Buchmesse hat die Wissenschaftlerin Maria Voigt (lesen Sie dazu das Interview mit Dr. Maria Voigt) dann einen Vortrag über den starken Rückgang der Population der Menschenaffen auf Borneo gehalten. Der Vortrag wurde gut besucht, die Beteiligung auf Instagram war eher mäßig. Trotzdem ist das für mich ein gutes Beispiel, wie ein Thema medienspezifisch für unterschiedliche Kanäle aufbereitet werden kann und so sein Publikum auf verschiedenen Wegen erreicht. Vorausgesetzt, Wissenschaftlerinnen und Wissenschaftler und Kommunikationsabteilung sprechen sich gut ab.

Hahn: Hat die gute alte Website ausgedient?

Walinda: Auf keinen Fall. Wissenschaftliche Forschungsergebnisse müssen verlässlich kommuniziert werden an einer Stelle, wo sie für jeden greifbar sind – unabhängig von Algorithmen. Ich rate, alle Informationen, die Sie über Social Media kommunizieren, auch auf einer Webseite zu veröffentlichen bzw. dorthin zu verlinken. Das macht es auch einfacher zu messen, wie erfolgreich über Social Media kommuniziert wurde.

Hahn: Welche Tipps hast Du für Wissenschaftlerinnen, die Social Media nutzen wollen?

Walinda: Schauen Sie sich Seiten oder Accounts von anderen Forschenden an, die Sie interessieren – oder auch von Institutionen. Merken Sie sich, was Ihnen gefällt und was nicht. Machen Sie sich Gedanken, wie Sie kommunizieren möchten und mit wem. Wie soll Ihre Sprache „klingen"? Wollen Sie persönliche Meinungen kommunizieren? Fragen Sie Ihre Kommunikationsabteilung nach einem Leitfaden und planen Sie Zeit ein, sonst wird Kommunikation schnell zu einem Stressfaktor.

Videos, Videos, Videos – die Plattformen mit Bewegtbildern sind momentan die erfolgreichsten. Soll heißen, hier sind die größten Reichweiten und das größte Wachstum. Das bedeutet aber nicht, jeder soll jetzt zu TikTok oder YouTube, aber man kann schon im Hinterkopf behalten, dass Bewegtbild klasse performt. Wenn Sie unsicher sind, können Sie auch ein Medienseminar besuchen. Außerdem: Sprechen Sie hier und da mit einem Vertreter Ihrer Zielgruppe. Welche Kommunikationsplattformen nutzt er oder sie? Was spricht Ihre Zielgruppe an und was finden Sie selbst auch spannend? Kommunikation soll natürlich auch Spaß machen.

Hahn: Vielen Dank für das Gespräch!

„Erzählen, nicht quälen!" Interview mit Dr. Wulf Schmiese

Dr. Wulf Schmiese ist Historiker und Redaktionsleiter des *heute journals* im Zweiten Deutschen Fernsehen (ZDF).

Hahn: Was sind die Auswahlkriterien für Ihre heute-journal-Themen?

Schmiese: Alles, was Nachrichten und wichtige Neuigkeiten sind, interessiert uns. Was das Land wissen und kennen muss. Die Coronakrise lehrt uns, wie sehr Wissenschaft Politik bedingt und damit auch die Medien. Wir versuchen darzustellen und aufzuklären, um was es geht. Wie gefährlich das Virus sein kann, aber auch, inwieweit die Schutzmaßnahmen gerechtfertigt sind.

Uns interessiert alles, was die Welt weiterbringt. Klimawandel, Umweltschutz, Landwirtschaft, Energie – in so vielen Feldern gehört Wissenschaft in eine Nachrichtensendung. Wenn es ums Universum geht, wollen wir fast immer berichten: Mondmission, Marslandung, die Rosetta-Mission. Pflicht ist auch der Nobelpreis für Medizin. Physik und Chemie zumindest, wenn ein Deutscher gewinnt. Bei weiteren Preisträgern fragen wir uns: Kapieren wir das selbst? Können wir das vermitteln? Wir haben ein heterogenes Publikum, für das wir alles in eine verständliche Sprache übersetzen. Dabei wollen wir den Fachmann nicht langweilen, aber der Laie soll es auch verstehen.

Hahn: Wie finden Sie Wissenschaftler und Experten für Ihre Sendung?

Schmiese: Wir lesen Artikel, schauen uns Vorträge an, sondieren und sortieren nach Empfehlungen. Wir führen eine Datenbank mit Namen zu bestimmten Themen, die wir ständig aktualisieren. In der Coronakrise waren jene Fachleute schnell unumgänglich, auf deren Expertise die Politiker sich bezogen. Da hatten wir Medien insofern Glück, weil diese Experten fast ausnahmslos medial sehr sprechfähige Männer und Frauen waren.

Hahn: Wen würden Sie kein weiteres Mal einladen?

Schmiese: Jemand, der sich als unseriös herausgestellt hat, weil seine Forschungsergebnisse unsauber waren, bekäme keine weitere Einladung. Oder jemand, der sich als neutraler Forscher ausgegeben hätte, tatsächlich aber bezahlter Lobbyist war. Es gibt aber auch Koryphäen, die wenig im Fernsehen bringen, weil sie nicht auf den Punkt kommen. Die sind nicht nur umständlich, sondern ärgerlich, weil andere abgehängt werden. Und nicht nur Zuschauer: Wenn jemand zu lange redet und die Zeit überzieht, fliegt ein anderer Beitrag raus, der vielleicht tagesaktuell ist und viel gekostet hat.

Hahn: Welche Fähigkeiten haben ideale Gesprächspartner?

Schmiese: Sie sollten packend erzählen können, ihr Fachwissen so darlegen, dass es der Ahnungslose nicht nur versteht, sondern dafür interessiert wird. Wissenschaftler sollten sich nicht scheuen, den akademischen Jargon zu verlassen, ihn zumindest zu übersetzen. Unsere Sprache ist viel zu gut und zu lebhaft, um in diesem Jargon stecken zu bleiben! Wir haben ein Motto beim Fernsehen: Erzählen, nicht quälen! Und für Wissenschaftler gilt: Wenn sie ihren Gegenstand verständlich darreichen, erobern sie ganz neue Welten, weil die Leute ihnen folgen. Selbst in die Mathematik.

Hahn: Was ist die 20-Sekunden-Regel?

Schmiese: Das ist die Spanne, die die Leute inhaltlich leicht aufnehmen können. Wir denken heute in 140-Zeichen-Rhythmen. Deshalb sollte für jeden Redner gelten: Nimm die Zuhörer ernst! Im Fernsehen kommt hinzu, was die Briten nennen: *Know your audience* – Kenne Dein Publikum. Unter den vier Mio. Zuschauern des *heute journals* ist natürlich nur eine Minderheit vom Fach des Wissenschaftlers, die ganz große Mehrheit sind Laien. Die wollen und sollen verstehen, was da erklärt wird.

Hahn: Welche Gemeinsamkeiten haben Wissenschaftler und Journalisten?

Schmiese: Je tiefer du gräbst, desto spannender. Doch am Ende geht es ja darum, andere teilhaben zu lassen. Das ist die Leistung, die wir als Journalisten bringen und die ein guter Wissenschaftler bringen sollte: wirklich in die Tiefe vorzudringen und dann ganz viel an die Oberfläche zu holen. Für die anderen.

Wir geben uns Mühe, die Dinge, die wir verkünden, auch zu begreifen. Den Anspruch haben wir hier: Die Moderatoren wissen bei jeder kleinen Nachricht genau, was dahintersteckt. Dabei gibt es Themen, da denkst du erst mal: „Puh, das soll spannend sein?" Dann entwickelt sich eine Eigendynamik und du denkst: „Wow, ja, das ist es!"

Hahn: Welchen Beitrag können Journalisten für die Wissenschaft leisten?

Schmiese: Wir sind die Wissbegierigen, die fragenden Laien. Aber auch die Übersetzer der Antworten, die nicht jeder gleich versteht. Durch Rückfragen wird Kompliziertes vereinfacht. Darum geht es im Kern ja auch in jeder Wissenschaft: den Dingen auf den Grund gehen; wissen wollen, was ist.

Hahn: Was sind die Geheimnisse eines guten Auftritts? Ihre persönlichen Tipps

Schmiese: Entknoten, entkomplizieren. Ich kam von der Zeitung zum *ZDF-Morgenmagazin,* das war ein Kulturbruch. Anfangs habe ich versucht, viel zu viele Gedanken in meinen Moderationen unterzubringen – das ging zuweilen schief. Nicht weil die TV-Zuschauer dümmer sind als Leser; sie sind wegen der vielen Bilder nur weniger konzentriert. Deshalb muss man jeden Satz auf einen Gedanken reduzieren. Damit der Laie es versteht. Das ist Übersetzungsarbeit. Vereinfachung. Und das kann jeder lernen. Gelingt es, wird die Substanz sichtbar. Im Idealfall sollte dann fast jeder Satz Inhalt haben, möglichst von Gewicht.

Hahn: Vielen Dank für das Gespräch!

Danksagung

Mein Dank gilt allen, die dieses Buch mittel- und unmittelbar ermöglicht haben. Den Mitarbeitern des Springer-Verlags, die mit diesem Buch befasst waren; meinen Ansprechpartnerinnen Sarah Koch (Programmplanung) und Meike Barth (Projektmanagement), der Zeichnerin Claudia Styrsky, den Lektoren, Designern, Vermarktern und allen hinter den Kulissen wirkenden Mitarbeitern. Ich danke allen Freundinnen und Freunden, die Kapitel dieses Buches gegengelesen und kritisch kommentiert haben: Tabea Turrini, Irena Walinda, Sebastian Tilch, Carsten Heckmann und Dirk Sachse – Euer Feedback hat mir sehr geholfen. Ich danke allen, mit denen ich ein Interview für dieses Buch führen konnte: Christian Wirth, Dorothea Kübler, Maria Voigt, Carsten Heckmann, Irena Walinda und Wulf Schmiese. Ich freue mich über jedes dieser Interviews, die jeweils unterschiedliche Perspektiven auf das Thema Wissenschafts-

© Der/die Herausgeber bzw. der/die Autor(en), exklusiv lizenziert durch Springer-Verlag GmbH, DE, ein Teil von Springer Nature 2020
V. Hahn, *Die souveräne Expertin – 77 Tipps für die verbale Wissenschaftskommunikation*,
https://doi.org/10.1007/978-3-662-61723-6

kommunikation eröffnen. Ich danke Josef Settele für sein tolles Geleitwort und sein unermüdliches Kommunizieren für die Biodiversität.

Mein Dank gilt den vielen Wissenschaftlerinnen und Wissenschaftlern, denen ich auf meinem Weg persönlich begegnet bin und die mich auf ganz unterschiedliche Weise beeinflusst, inspiriert und geprägt haben, insbesondere Thomas Kramps, Wolfgang Zech, Ernst-Detlef Schulze, Christian Wirth, Martina Mund, Gerd Gleixner, meiner Doktormutter Nina Buchmann, Ansgar Kahmen, Dirk Sachse, Alexander Knohl und Klaus Heblich. Danke auch jenen Wissenschaftlerinnen und Wissenschaftlern, die ich nicht persönlich kennengelernt habe, die mich aber mit ihrer vorbildlichen Wissenschaftskommunikation inspiriert haben: Richard Dawkins, Brian Greene, Mai Thi Nguyen-Kim u. v. m.

Ich danke meiner Familie, die mir einen festen Halt im Leben gibt: Meiner Frau Irena, meinen Töchtern Amelie, Madita und Flora. Danke für Eure Liebe und für die Lebensfreude, die Ihr mir bereitet. Ich danke meinem Bruder Heiko und ich danke meinen Eltern, die mich seit meiner Geburt wie ein Fels in der Brandung begleitet, beschützt und unterstützt haben. Sie haben mir die Werte vermittelt und die Freiheiten gelassen, die ich brauchte, um mich persönlich zu entwickeln und haben mich mehr geprägt als ihnen bewusst ist.

Literatur

1. Sagan C (1997) The demon-haunted world: science as a candle in the dark. Ballantine, New York
2. Hawking S (2018) Kurze Antworten auf große Fragen. Der Hörverlag, München
3. Nature Research (2017) Why biodiversity matters. Nat Ecol Evol 1:1. https://doi.org/10.1038/s41559-016-0042
4. Wissenschaft im Dialog (2020) Interview mit der Soziologin Jutta Allmendinger. https://www.wissenschaftskommunikation.de/schubladenforschung-kann-nicht-unser-ziel-sein-34745/. Zugegriffen: 30. Jan. 2020
5. Harari YN, Holdorf J, Wirthensohn A (2018) 21 Lektionen für das 21 Jahrhundert. Der Hörverlag, München
6. NDR (2020) Interview mit dem Virologen Christian Drosten vom 30.03.2020. https://www.ndr.de/nachrichten/info/24-Wir-muessen-weiter-geduldig-sein,audio660754.html. Zugegriffen: 31. März 2020

V. Hahn, *Die souveräne Expertin – 77 Tipps für die verbale Wissenschaftskommunikation*, https://doi.org/10.1007/978-3-662-61723-6

7.   MPG (2019) Interview mit dem Chemiker Jos Lelieveld. https://www.mpg.de/12827028/luftverschmutzung-feinstaub-interview-lelieveld. Zugegriffen: 30. Jan. 2020

8.   Tagesspiegel (2016) Interview mit der Biochemikerin Emmanuelle Charpentier. https://m.tagesspiegel.de/wissen/nobelpreis-kandidatin-charpentier-aus-berlin-ich-lebe-noch-immer-wie-ein-student/14480990.html. Zugegriffen: 30. Jan. 2020

9.   Nguyen-Kim MT (2019) Komisch, alles chemisch!. Random House Audio, München

10. Stifterverband für die Deutsche Wissenschaft (2020) Interview mit dem Mathematiker Albrecht Beutelspacher. In: MERTON Mag. https://merton-magazin.de/die-angst-vor-mathematik-ist-doch-ein-alter-hut. Zugegriffen: 4. Febr. 2020

11. DFG (2003) Interview mit dem Neurophysiologen Wolf Singer. https://www.dfg.de/gefoerderte_projekte/wissenschaftliche_preise/communicator-preis/2003/interview_singer/index.html. Zugegriffen: 30. Jan. 2020

12. DFG (2019) Interview mit der Kunsthistorikerin Bénédicte Savoy. https://www.dfg.de/dfg_magazin/aus_der_forschung/geistes_sozial_wissenschaften/afrikakunst_restitution_interview_savoy/index.html. Zugegriffen: 30. Jan. 2020

13. Darwin F (1914) Galton Lecture. Eugen Rev 6:9

14. Lichtenberg GC (1996) Sudelbücher, 7. Aufl. Insel, Frankfurt a. M.

15. Freytag G (1977) Die Journalisten: Lustspiel in 4 Akten. Reclam, Stuttgart

16. Klein S (2019) Wir werden uns in Roboter verlieben: Gespräche mit Wissenschaftlern, Originalausgabe. Fischer Taschenbuch, Frankfurt a. M.

17. DFG (2013) Interview mit dem Bio-Psychologen Onur Güntürkün. https://www.dfg.de/gefoerderte_projekte/wissenschaftliche_preise/leibniz-preis/2013/guentuerkuen/guentuerkuen_im_gespraech/index.html. Zugegriffen: 30. Jan. 2020

18. ARD-aktuell (2019) Interview mit dem Politologen Dierk Borstel. https://www.tagesschau.de/inland/rechtsextremismus-gesetzespaket-regierung-101.html. Zugegriffen: 20. Jan. 2020

19. König A (2016) Hintergrundbericht Erdbebenforschung vom 24.06.2016. Tagesschau

20. Habekuß F (2017) Biologische Vielfalt: Auf der Spur der Insekten. https://www.zeit.de/2017/34/insekten-biologische-vielfalt-insektensterben-oekologien. Zugegriffen: 31. Jan. 2020

21. Deutschlandradio (2018) Interview mit der Medizin-historikerin Anna Bergmann im Deutschlandfunk. https://www.deutschlandfunk.de/organspende-hirntote-sind-sterbende-menschen.886.de.html?dram:article_id=427220. Zugegriffen: 30. Jan. 2020

22. NDR (2020) Interview mit dem Virologen Christian Drosten vom 11.03.2020. https://www.ndr.de/nachrichten/info/11-Wir-muessen-jetzt-gezielt-handeln,audio651406.html. Zugegriffen: 15. März 2020

23. Bonitz A, Wirtz T (1991) Kurt Tucholsky: ein Verzeichnis seiner Schriften. Dt. Schillerges, Marbach am Neckar

24. Molière (2004) Die gelehrten Frauen: Komödie in fünf Akten. Reclam, Stuttgart

25. Diels H (1957) Die Fragmente der Vorsokratiker, 8. Aufl. [1.–40. Tsd.], Rowohlt, Hamburg

26. Cuddy AJC (2012) Your body language may shape who you are. TED-Talk. https://www.ted.com/talks/amy_cuddy_your_body_language_may_shape_who_you_are. Zugegriffen: 7. März 2020

27. Carney DR, Cuddy AJC, Yap AJ (2010) Power posing: brief nonverbal displays affect neuroendocrine levels and risk tolerance. Psychol Sci 21:1363–1368. https://doi.org/10.1177/0956797610383437

28. Jonas KJ, Cesario J, Alger M et al (2017) Power poses – where do we stand? Compr Results Soc Psychol 2:139–141. https://doi.org/10.1080/23743603.2017.1342447

29. Gronau QF, Van Erp S, Heck DW et al (2017) A Bayesian model-averaged meta-analysis of the power pose effect with informed and default priors: the case of felt power. Compr Results Soc Psychol 2:123–138. https://doi.org/10.1080/23743603.2017.1326760

30. Barrick MR, Shaffer JA, DeGrassi SW (2009) What you see may not be what you get: Relationships among self-presentation tactics and ratings of interview and job performance. J Appl Psychol 94:1394–1411

31. ZDF (2019) heute journal vom 15.12.2019, Interview mit dem Ökonomen Ottmar Edenhofer. https://www.zdf.de/uri/9b832e16-62e7-4b91-9b08-5c4c30572d8e. Zugegriffen: 3. Febr. 2020

32. ZDF (2018) Interview mit der Reproduktionsgenetikerin Dunja Baston-Büst. https://www.zdf.de/uri/9d36e93c-5e1b-49b2-83f1-0120106cf1d7. Zugegriffen: 9. März 2020

33. Deutschlandradio (2019) Interview mit der Evolutionsbiologin Madeleine Böhme im Deutschlandfunk. https://www.deutschlandfunk.de/aufrechter-gang-des-menschen-forscherin-menschliche.676.de.html?dram:article_id=462935. Zugegriffen: 9. März 2020

34. Crowe C (2001) Conversations with Wilder. Knopf, New York

35. Klein S (2014) Wir könnten unsterblich sein: Gespräche mit Wissenschaftlern über das Rätsel Mensch. Fischer Taschenbuch, Frankfurt a. M.

36. Enders G (2019) Darm mit Charme: Alles über ein unterschätztes Organ. Hörbuch Hamburg, Hamburg

37. Lingenhöhl D (2019) Mikrobiologie: Riesenvirus verwandelt Wirt zu Stein. https://www.spektrum.de/news/riesenvirus-verwandelt-wirt-zu-stein/1628552. Zugegriffen: 9. März 2020

38. Yoshikawa G, Blanc-Mathieu R, Song C, et al (2019) Medusavirus, a novel large DNA virus discovered from hot spring water. J Virol 93: https://doi.org/10.1128/JVI.02130-18

39. DFG (2013) Interview mit dem Molekularbiologen Ivan Dikic. https://www.dfg.de/gefoerderte_projekte/wissen-schaftliche_preise/leibniz-preis/2013/dikic/dikic_im_gespraech/. Zugegriffen: 10. März 2020

40. Stoyan R (2012) Astro-Einstieg. Erste Hilfe für Astronomie-Neulinge, Oculum, Erlangen

41. Leonhardt RW (1983) Auf gut deutsch gesagt: Sprach-brevier für Fortgeschrittene. Severin und Siedler, Berlin

42. Sinaceur M, Heath C, Cole S (2005) Emotional and deliberative reactions to a public crisis: mad cow disease in France. Psychol Sci 16:247–254. https://doi.org/10.1111/j.0956-7976.2005.00811.x

43. Simon AF, Jerit J (2007) Toward a theory relating political discourse, media, and public opinion. J Commun 57:254–271. https://doi.org/10.1111/j.1460-2466.2007.00342.x

44. Radioeins (2019) Interview mit der Physikerin und Öko-login Pia Backmann vom 02.02.2019. Die Profis

45. Hirt MR, Jetz W, Rall BC, Brose U (2017) A general scaling law reveals why the largest animals are not the fastest. Nat Ecol Evol 1:1116–1122. https://doi.org/10.1038/s41559-017-0241-4

46. Hirt M, Brose U (2019) Warum T. rex nicht der Schnellste war – über die Geschwindigkeit von Tieren. Vortrag während der Leipziger Buchmesse 2019

47. Leibniz-Gemeinschaft (2019) leibniz 2/2019: Freiheit. In: Issuu. https://issuu.com/leibniz-gemeinschaft/docs/leib_mag_11_190710_final_web_low_co. Zugegriffen: 31. Jan. 2020

48. DER SPIEGEL Online (2020) Interview mit dem Biologen Torsten Halbe. https://www.spiegel.de/wissenschaft/natur/biologe-ueber-peter-wohlleben-herr-wohlleben-vermittelt-kein-wissen-sondern-betreibt-unterhaltung-a-4c37fc70-4fca-41c2-b944-c1b9402d464d. Zugegriffen: 30. Jan. 2020

49. ARD-aktuell (2017) Interview mit dem Ingenieur Michael Sterner. https://www.tagesschau.de/inland/e-fuels-101.html. Zugegriffen: 30. Jan. 2020

50. Habekuß F (2017) Regenwürmer: Der Unterwanderer. https://www.zeit.de/2017/32/regenwuermer-nordamerika-waelder-bedrohung. Zugegriffen: 31. Jan. 2020

51. NDR (2020) Interview mit dem Virologen Christian Drosten vom 02. 04. 2020. https://www.ndr.de/nachrichten/info/26-Coronavirus-Update-Genbasierte-Impfstoffe-haben-Potential,podcastcoronavirus170.html. Zugegriffen: 8. Mai 2020

52. Klopp J (2020) Pressekonferenz vom 03.03.2020. https://www.youtube.com/watch?v=DkIZZCbxngQ. Zugegriffen: 4. Mai 2020

53. Klaus Tschira Stiftung (2018) KlarText: Preis für Wissenschaftskommunikation: ein Magazin der Klaus Tschira Stiftung gemeinnützige GmbH. TEMPUS CORPORATE GmbH, ein Unternehmen des ZEIT Verlags, Berlin

54. DER SPIEGEL Online (2019) Interview mit dem Dokumentarfilmer Michael Wech über Antibiotikaresistenzen. https://www.spiegel.de/consent-a-?targetUrl=https%3A%2F%2Fwww.spiegel.de%2Fwissenschaft%2Fgefahr-von-antibiotikaresistenzen-wie-ein-tsunami-in-zeitlupe-a-00000000-0002-0001-0000-000162286322. Zugegriffen: 16. März 2020

55. BBC (2014) The Future of Everything - Newsnight meets E.O.Wilson. https://www.youtube.com/watch?v=oqb-zRCFLbU. Zugegriffen: 4. Febr. 2020

56. Dawkins R (2014) Das egoistische Gen, 2., unveränd. Aufl., unveränd. Nachdr. Springer Spektrum, Berlin

57. Einstein A (1930) Eröffnungsrede zur Funkausstellung. https://www.hagalil.com/archiv/2006/02/030215.htm

58. Winkler P (2016) Das Sprachbilder-Wörterbuch: Die Ideenkiste für kreatives und bildhaftes Schreiben. Books on Demand, Norderstedt

59. Cory G (1950s) Essay in der CBS-Radioserie „This I Believe". https://thisibelieve.org/essay/16457/

60. Spektrum der Wissenschaft (2013) Interview mit der Psychologin Julia Becker. https://www.spektrum.de/news/sexismus-ist-heute-subtiler/1186056. Zugegriffen: 30. Jan. 2020

61. Helmholtz-Gemeinschaft (2018) Interview mit dem Mediziner Dirk Jäger. https://www.helmholtz.de/gesundheit/die-onkologie-befindet-sich-in-einer-rasanten-entwicklung/. Zugegriffen: 30. Jan. 2020

62. Campbell TC, Campbell TM (2013) China study: die wissenschaftliche Begründung für eine vegane Ernährungsweise. Argon-Verl, Berlin

63. Helmholtz-Gemeinschaft (2014) Interview mit dem Astronauten Alexander Gerst. https://www.helmholtz.de/luftfahrt_raumfahrt_und_verkehr/das-schwierigste-russisch-lernen/. Zugegriffen: 20. März 2020

64. MDR Fernsehen (2017) Fakt ist! Aus Erfurt. Urwald statt Nutzwald – der Streit um den Forst. Sendung vom 22. 05. 2017

65. Hahn V, Buchmann N (2004) A new model for soil organic carbon turnover using bomb carbon. Glob Biogeochem Cycles 18. https://doi.org/10.1029/2003GB002115

66. Grzimek B (1977) Auf den Mensch gekommen: Erfahrungen mit Leuten, Genehmigte, ungekürzte Taschenbuchausg. Heyne, München

67. Kahneman D, Schmidt T, Holdorf J (2012) Schnelles Denken, langsames Denken. Der Hörverlag, München

68. Oppenheimer DM (2006) Consequences of erudite vernacular utilized irrespective of necessity: problems with using long words needlessly. Appl Cogn Psychol 20:139–156. https://doi.org/10.1002/acp.1178

69. Campbell J (2011) Der Heros in tausend Gestalten, 1. Aufl. neue Ausg. Insel, Berlin

70. Vogler C (2010) Die Odyssee des Drehbuchschreibers: über die mythologischen Grundmuster des amerikanischen Erfolgskinos, Dt. Erstausg., 6. Aufl., akualisierte und erw. Aufl. Zweitausendeins Buch 2000, Frankfurt a. M.

71. Krauss LM (2013) Ein Universum aus Nichts: und warum da trotzdem etwas ist, 1. Aufl. Knaus, München

72. Mother Jones (1997) Interview mit dem Evolutionsbiologen Stephen Jay Gould. https://www.motherjones.com/politics/1997/01/stephen-jay-gould/2/. Zugegriffen: 21. März 2020

73. Carroll L (1947) Alice im Wunderland. Büchergilde Gutenberg, Zürich

74. Klaus Tschira Stiftung (2017) KlarText: Preis für Wissenschaftskommunikation: ein Magazin der Klaus Tschira Stiftung gemeinnützige GmbH. TEMPUS CORPORATE GmbH, ein Unternehmen des ZEIT Verlags, Berlin

75. Einstein A (2005) Mein Weltbild, Ungekürzte 28. Aufl. Ullstein, Berlin

76. Hahn V (2008) Film-Porträt über den Parasitologen Heinz Mehlhorn. Erstausstrahlung September 2008. Nano – 3sat-Wiss

77. Gell-Mann M (1969) Rede beim Nobelpreisbankett am 10. 12. 1969

78. The Guardian (2017) Interview mit der Molekularbiologin Jennifer Doudna. In: The Observer. https://www.theguardian.com/science/2017/jul/02/jennifer-doudna-crispr-i-have-to-be-true-to-who-i-am-as-a-scientist-interview-crack-in-creation. Zugegriffen: 3. Febr. 2020

79. Guth A (2009) Newton Lecture: Cosmology - is our universe part of a multiverse? http://www.iop.org/resources/videos/lectures/page_42697.html. Zugegriffen: 3. Febr. 2020

80. Kerner C (1999) Nicht nur Madame Curie: Frauen, die den Nobelpreis bekamen. Neuausg, Beltz und Gelberg, Weinheim

81. Golman R, Loewenstein G, Molnar A, Saccardo S (2019) The Demand for, and Avoidance of Information. Social Science Research Network, Rochester

82. Buchholz A, Schult G (2016) Fernseh-Journalismus: ein Handbuch für Ausbildung und Praxis, 9. Aufl. Springer, Wiesbaden

83. Tibballs G (2004) The mammoth book of zingers, quips, and one-liners: over 8,000. Carroll & Graf, New York

84. Gericke C (2013) Rhetorik: die Kunst zu überzeugen und sich durchzusetzen, 5. Aufl. Cornelsen Scriptor, Berlin

85. Freiberg M (2020) An update to the LifeGate project. Vortrag vom 09. 01. 2020

86. Nguyen-Kim MT (2020) Virologen-Vergleich. Video vom 19. 04. 2020. https://www.youtube.com/watch?v=u439pm8uYSk&feature=youtu.be. Zugegriffen: 29. Apr. 2020

87. Schneider W (1999) Deutsch für Profis: Wege zu gutem Stil. Vollst. Taschenbuchausg, Goldmann

88. Deutsche Welle (2018) Interview mit dem Biologen Dave Goulson. https://www.dw.com/de/ohne-insekten-k%C3%B6nnen-wir-nicht-%C3%BCberleben/a-44441782. Zugegriffen: 23. März 2020

89. Hoyle F (1979) Sayings of the Week vom 09. 09. 1979. The Observer

90. Schrödinger E (1959) Brief an John Lighton Synge vom 09. 11. 1959

91. Bohr N (1987) The philosophical writings of Niels Bohr. Ox Bow Press, Woodbridge

92. Spektrum der Wissenschaft (2017) Interview mit dem Psychologen Rainer Bromme. https://www.spektrum.de/news/die-drei-dimensionen-des-vertrauens/1453957. Zugegriffen: 20. Febr. 2020

93. Jarreau PB, Cancellare IA, Carmichael BJ et al (2019) Using selfies to challenge public stereotypes of scientists. PLOS ONE 14:e0216625. https://doi.org/10.1371/journal.pone.0216625

94. Verne J (2018) 20.000 Meilen unter dem Meer, Vollständige Fassung, mit den Illustrationen der Originalausgabe. Impian, Hamburg

95. Huxley TH (1894) Discourses: biological & geological: essays. Macmillan and Co., London

96. van der Bles AM, van der Linden S, Freeman ALJ, Spiegelhalter DJ (2020) The effects of communicating uncertainty on public trust in facts and numbers. Proc Natl Acad Sci. https://doi.org/10.1073/pnas.1913678117

97. Wissenschaft im Dialog (2019) Interview mit dem Chemiker Christian Schiffer. https://www.wissenschaftskommunikation.de/wir-muessen-feinfuehlig-zwischen-dem-ergebnis-und-moeglichen-interpretation-unterscheiden-25963/. Zugegriffen: 18. März 2020

98. McCann ME, de Graaff JC, Dorris L et al (2019) Neurodevelopmental outcome at 5 years of age after general anaesthesia or awake-regional anaesthesia in infancy (GAS): an international, multicentre, randomised, controlled equivalence trial. Lancet Lond Engl 393:664–677. https://doi.org/10.1016/S0140-6736(18)32485-1

99. Kaulen H (2019) Eine kurze Betäubung ist noch keine Katastrophe. https://www.faz.net/aktuell/wissen/medizin-ernaehrung/kindermedizin-wie-schaedlich-sind-narkosemittel-fuer-saeuglinge-16072401.html. Zugegriffen: 18. März 2020

100. Klaus Tschira Stiftung (2019) KlarText: Preis für Wissenschaftskommunikation: ein Magazin der Klaus Tschira Stiftung gemeinnützige GmbH. TEMPUS CORPORATE GmbH, ein Unternehmen des ZEIT Verlags, Berlin

101. Wissenschaft im Dialog (2020) Interview mit der Kommunikationswissenschaftlerin Senja Post. https://www.wissenschaftskommunikation.de/transparenz-schafft-vertrauen-35617/. Zugegriffen: 20. Febr. 2020

102. ZEIT Online (2020) Interview mit dem Virologen Christian Drosten. https://www.zeit.de/wissen/gesundheit/2020-03/christian-drosten-coronavirus-

pandemie-deutschland-virologe-charite/komplettansicht. Zugegriffen: 20. März 2020

103. Whitman W (1973) Walt Whitman's Camden conversations. Rutgers University Press, New Brunswick

104. Greene B (2017) A time traveller's tale. Vortragsserie. https://www.newshub.co.nz/home/new-zealand/2017/03/time-travel-string-theory-and-holograms-brian-greene-brings-a-time-traveller-s-tale-to-auckland.html

105. DER SPIEGEL Online (2019) Interview mit dem Sozialpsychologen Oliver Decker. https://www.spiegel.de/politik/rechtsextremismus-und-psyche-die-sehnsucht-nach-unterordnung-ist-stark-a-0c8b1df3-8bbb-467c-a67f-9a4f8b07173e. Zugegriffen: 18. März 2020

106. luhze (2019) Interview mit dem Botaniker Christian Wirth. https://www.luhze.de/2019/04/07/die-junge-generation-gibt-der-wissenschaft-ihre-wuerde-zurueck/. Zugegriffen: 18. März 2020

107. Guillory LE, Gruenfeld DH (2012) Fake it Till you Make It: How Acting Powerful Leads to Feeling Empowered. https://gixstanford.files.wordpress.com/2012/11/guillory-gruenfeld.pdf

108. Rosling H (2007) New insights on poverty. TED-Talk. https://www.ted.com/talks/hans_rosling_new_insights_on_poverty/transcript. Zugegriffen: 10. Mai 2020

109. Baron RA (1986) Self-presentation in job interviews: When there can be "too much of a good thing". J Appl Soc Psychol 16:16–28

110. Main-Post (2018) Journalistische Leitlinien der Main-Post. https://www.mainpost.de/service/intern/Journalistische-Leitlinien-der-Main-Post;art497882,10118443. Zugegriffen: 23. März 2020

111. Voigt M, Wich SA, Ancrenaz M et al (2018) Global Demand for Natural Resources Eliminated More Than 100,000 Bornean Orangutans. Curr Biol 28:761–769. e5. https://doi.org/10.1016/j.cub.2018.01.053

Printed in the United States
By Bookmasters

Printed in the United States
By Bookmasters